景观生境共同体的理论与实践

吕海波　著

东南大学出版社
SOUTHEAST UNIVERSITY PRESS
·南京·

图书在版编目（ＣＩＰ）数据

景观生境共同体的理论与实践 / 吕海波著. --南京：
东南大学出版社,2022.8
ISBN 978-7-5766-0180-0

Ⅰ.①景… Ⅱ.①吕… Ⅲ.①景观设计-研究 Ⅳ.
①TU986.2

中国版本图书馆CIP数据核字（2022）第128696号

景观生境共同体的理论与实践
JingGuan ShengJing GongTongTi De LiLun Yu ShiJian

著　　者：吕海波
责任编辑：朱震霞
责任校对：子雪莲
封面设计：余武莉
责任印制：周荣虎
出版发行：东南大学出版社
社　　址：南京市四牌楼2号　　邮编：210096　　电话：025-83793330
网　　址：http://www.seupress.com
电子邮件：press@ seupress.com
经　　销：全国各地新华书店
印　　刷：南京凯德印刷有限公司
开　　本：787mm×1092mm 1/16
印　　张：19.25
字　　数：420 千字
版　　次：2022 年 8 月第 1 版
印　　次：2022 年 8 月第 1 次印刷
书　　号：ISBN 978-7-5766-0180-0
定　　价：120.00 元

前言

我国的园林发展源远流长、流传有序，经过千百年的不断完善，形成了完整的理论体系。在工业革命以前，园林的服务对象是君主和贵族阶层，尽管后来许多文人加入造园的行列，但其仍然是服从统治阶级的利益，为他们服务。工业革命后期以及信息时代的来临，使得社会经济取得较大的发展，带来了社会意识形态的变革，园林行业服务的范围、对象都发生了改变，新材料、新技术、新工艺不断被应用到其中，风景园林行业得到日新月异的发展。

风景园林行业深入到文化传承、经济发展、城市空间、生态保护、设施建设等方方面面，在其发展过程中，因为受到不同历史阶段的国家政策、社会发展、历史事件、经济条件等的影响，存在着很多局限性，主要表现在学科很长时间得不到重视、行业地位比较低，行业发展受到社会经济发展的制约，并没有能够发挥出应有的作用。

新时代的生态文明理论强调，生态环境是人类生存和发展的根基，原有的园林景观设计模式在新时期面临着顶层设计缺失的行业困境。世界正经历百年未有之大变局，需要以新时代的要求和高度，准确预估行业所承担的历史责任与时代任务，构建"景观生境共同体"（Community of Ecological Environment in Landscape Method）规划设计实践体系。以人与自然和谐共生为根本目标，以马克思主义系统性思维为总领原则，以"规划引领、景观导向、专业协同"为科学方法，统筹考虑国土空间规划、城乡建设发展与生态宜居环境不同层面之间的联系，发挥景观行业的专业价值，统筹多层面目标，通过多行业、多专业交叉协作与优化，保障高质量实施，助力生态文明风尚，建设美丽中国，满足人民日益增长的对美好生活的需求。

"景观生境共同体"规划设计实践体系，注重顶层框架体系的构建，将其作为国土空间规划实施的重要支撑。坚持科学创新发展，体系构建与时俱进，结合定性与定量手段，实现各专业的一体化协同，从根本出发，提出具体解决方案，真正实现生态惠民、生态利民、生态为民。力求方法先进适用，坚持规划引领，通过统筹协调不同层级、不同类别的规划，从顶层引领设计与实践；坚持景观导向，通过景观系统性思维框架，融合经济发展、文化传承、生态保护及人居需求目标，形成设计实践体系；坚持专业协同，通过多行业、多专业交叉协作与优化，确保实施的高质量，实现人与自然的和谐共生。

生态文明时代的景观行业具有更加广博的范畴与实践，承载了新时代的历史担当。当代生态环境建设实践具有多目标、多专业、多维度等特点，要坚持和运用马克思主义立场、观点、方法来研究解决实际问题。利用景观系统性思维总揽全局，统筹兼顾国土空间的蓝、绿、灰色基础支撑系统，赋予其诗情画意的精神内涵，通过"规划引领、景观导向、专业协同"来构建"景观生境共同体"规划设计实践体系，统筹文化传承创新、产业业态布局、城乡空间塑造、生态环境保护、基础设施建设、公共服务提升等不同维度的核心建设内容，保障建设项目落地的科学性与高效益，发挥景观行业在推进绿色发展、建设美丽中国的最大效能。

吕海波

2021.12

目录 CONTENTS

1 风景园林概述

世界各国古典园林发展历史源远流长。早在奴隶社会时期，各国都有造园的活动见于各种文献资料。经历了几千年的社会变迁、经济发展，各国依据自身的地域环境、气候特征、民族文化、宗教派别、生活方式以及技术水平，逐渐形成了具有不同特点的风景园林。各国的风景园林在各自的轨道上不断前行发展，百花齐放、争奇斗艳，形成了具有各国特色的园林风格流派。

人类社会进入工业文明以来，随着机械化的大量运用，城市发展的进程加剧，技术、经济、文化等方面也产生大发展，"现代运动"逐渐形成，使得风景园林越来越多地受到绘画、建筑、工艺设计、生态思想等多维度的影响，不同风格园林之间的影响加剧，逐渐产生风景园林发展为现代"景观"概念的趋势。

1.1 风景园林概念及学科发展

1.1.1 风景园林的概念

1）风景园林的缘起

纵观世界风景园林发展历史，在原始社会、农业社会中，不管东方与西方，园林行业服务的对象都是君主和贵族阶层，从最初的"园囿"发展为"庄园、府第、陵墓"，最后形成"园林"，基本都是服从统治阶级的利益并为其服务。因此，园林设计范围较窄，服务对象单一，从事这一行业的也多为统治阶级的御用人员，存在较大的局限性。

我国的古典园林发展历史悠久，早在殷、周时代便有"囿"的出现，其后随着社会发展传承有序。魏晋时期就提出了园林美学思想，经过上千年的传承发展，逐渐形成了具有朴素儒家文化传统的"文人园林"特点；在明代计成提出"虽由人作，宛自天开"的思想，成为我国传统园林的基本理论，使得园林建造更接近于自然。

在西方，不论是早期巴比伦、波斯等初具雏形的水池庭院，还是古希腊、古罗马等的欧洲山庄城堡庭院园囿，都具备了一定造园艺术特点。中世纪以后，逐渐形成了意大利文艺复兴园林、法国巴洛克园林，以及明显受到中国古典造园理论影响英国风景园林的发展格局，在不同区域进一步演化发展，成为西方园林艺术的典型代表。

2）景观概念的形成

自小奥姆斯特德在哈佛开设了第一门景观设计课程起，现代景观奠基不过百年。从最初帮助贵族处理私家花园或营建墓地绿化的园艺师，到为各个社会阶层人士开放的公园进行规划的景观设计师，其职业特性的转变是因为与社会正义和公众参与的民主生活联系起来了。从这时起，景观设计学科逐渐从规划设计行业中分离出来，形成独立的一门学科。

随着工业社会经济发展和社会意识形态的变革，旧的行业跟不上时代形势的发展，这是因为其服务的范围、对象都改变了，园林设计随着社会进程的发展到更高阶段，出现了大量以前未曾出现的土地开发和项目规划，对从事这一行业的人提出更高的要求。在经历了设计花园、校园和"乌托邦"社区，以及后来的工业景观、公共墓地和城市公园等用地性质不同的业务拓展，园艺师们逐渐吸收了其他专业的特点，形成新颖的研究、设计方法。

信息时代的来临给园林行业带来更大的变革，不断出现的新材料和新技术应用其中，使得服务范围和对象都发生了改变；所运用的元素也逐渐脱离传统的主导，设计思潮由非此即彼的"二元论"发展为"多元性"，结合人类社会生存环境的变化在理念上提出了更高的要求。在此背景下，"园林"的概念逐渐有被"景观"取代之势，风景园林学科的发展得到进一步完善（表1.1）。

表1.1 风景园林历史发展进程

所处时代	行业称谓	行业范畴	功能特点	服务对象	营造人员
原始社会	圃、囿	养殖、狩猎、游赏	狩猎、游戏	帝王	专有人士
农业文明	苑、园	园、陵、府、第	狩猎、游赏、祭祀、休憩、娱乐	帝王、贵族	御用人士
工业文明	园林	居住区、公共绿地、工业绿地等	游赏、休闲、娱乐、美化	公民	园艺师
信息文明	景观	风景区、居住区、公共绿地、生态绿地等	游赏、休闲、娱乐、生态、艺术	公民	景观设计师

注：东西方的园林发展虽阶段不完全一致，但总体发展进程大致相当。

1.1.2 我国风景园林学科的发展

尽管我国园林事业历史悠久，风景园林学科在历史上和现实中都发挥着不可替代的重要作用；但实际上，我国的风景园林专业在很长一段时间里没有取得应有的地位，更没有得到足够的重视。

1）风景园林学科的前身

我国是世界三大园林发源地之一，但是风景园林成为一门独立学科，却历尽艰辛，过程曲折。在20世纪20年代，只有很少一部分农学院校的园艺系在教授观赏植物栽培应用课程的同时开设了造园学课程，一些工科院校的建筑系，也会从空间布局和建筑艺术的角度来讲授庭园学或造园学课程。

新中国成立后的1951年，由北京农业大学的汪菊渊先生和清华大学的梁思成、吴良镛先生发起，在当时北京建设局的支持下，联合建立了"造园组"专业。这是中国风景园林学科发展的里程碑，它不仅是我国第一个独立的现代造园专业，也是我国风景园林学科的前身，为形成具有中国特色的综合性园林学科奠定了基础。1952年院系调整后园林专业仍旧保留，直到1954年教育部效仿前苏联模式将之迁到农学院，1956年后又迁到林学院（今北京林业大学）。

2）风景园林学科的发展

新中国成立初期，国家经济还很薄弱，但园林绿化工作得到了一定重视，城市绿化和公园建设工作取得了一些发展。1964年1月，林业部批示北京林学院将"城市及居民区绿化"专业改名为"园林"专业，"城市及居民区绿化"系改名为"园林"系，正式确立了园林专业的名称。但在"文革"中，园林学科受到了巨大冲击，被打成"封资修"，园林机构被撤销，大学园林专业停课，大量公园绿地被侵占，风景园林学科陷入低潮。

1986年，教育部将原有的"园林"专业分为"园林"和"观赏园艺"两个专业，在1987年正式颁布了"风景园林"专业。1989年成立了中国风景园林学会（一级学会），出版了学术刊物《中国园林》。1992年，北京林学院的风景园林系与园林系合并，成立了我国第一个园林学院。

3）风景园林学科的新生

尽管风景园林专业正式得到认可，但是按我国原来的学科划分，风景园林规划与设计在建筑学一级学科中作为城市规划与设计二级学科的一部分，仅仅相当于三级学科或研究方向层次，学术地位大大降低而被边缘化。风景园林学科建设似乎成为城市规划设计的附属，只能在较低层面进行。园林植物与观赏园艺也只是农学门类林学一级学科中的一个二级学科，发展空间也受到极大限制。

2011年4月，国务院学位委员会、教育部公布《学位授予和人才培养学科目录（2011年）》（以下简称"新目录"），其中"风景园林学"正式成为110个一级学科之一，列在工学门类，学科编号为0834，可授工学、农学学位。将"风景园林学"正式升级为一级学科，标志着风景园林行业从国家层面得到了充分重视和认可，预示着风景园林学科春天的到来。

吴良镛院士在1996年提出了建筑、园林、规划三位一体的学科发展设想；1999年国际建筑师协会（UIA）第20届世界建筑师大会通过的《北京宪章》中再次明确了这一观点，认为三者要融贯发展。建筑、园林、城市规划3个学科各有特点和规律，在学科发展的过程中，三者需要互相依赖、融合、促进；面对未来，既要从东方人居环境的发展历程中汲取养分，也要学习西方现代景观建筑学（Landscape Architecture）科学化的成果，达到中西融贯、各取所长。

1.2 风景园林的行业归属

改革开放以来，随着国家经济发展的不断加速，人民的生活水平持续提高，城市的建设发展需求也越来越高，风景园林行业也越来越得到重视。在21世纪初期以前，我国的风景园林行业是属于市政公用行业内的，这也说明风景园林行业与市政公用行业有着密不可分的关系。

1.2.1 风景园林与市政公用行业的渊源

1）市政公用行业的范畴演变

1991年7月22日，国家建设部发布了关于印发《工程勘察和工程设计单位资格管理办法》

的通知（建设部〔1991〕504号文件），文件第一次明确了我国市政公用行业工程设计资格分级标准，其中风景园林行业是市政公用行业十大专业工程设计业务范围之一。

2001年1月20日，国家住建部《关于颁发工程勘察资质分级标准和工程设计资质分级标准的通知》（建设〔2001〕22号文件），进一步明确了市政公用行业工程设计规模分级标准，市政公用行业设计业务范围包括城市给水、排水、燃气、道路、隧道、轨道交通、风景园林、环境卫生等八类（表1.2）。

到2007年3月29日，住建部下发《工程设计资质标准》（建市〔2007〕86号文件），市政公用行业下已经没有风景园林设计了。在《建设工程勘察设计资质管理规定实施意见》中，第四十六条注明原已取得市政行业风景园林专业资质的企业，可直接换领新标准中相应等级的风景园林专项资质。这意味着，经过几代人的不懈努力，风景园林专业设计资质从市政公用行业里分离出来，成为专项设计资质。

表1.2　市政公用行业建设项目设计规模划分表

序号	建设项目	计算（量）单位	大型	中型	小型	备注
1	给水工程	万t/日	≥20	5～20	≤5	
2	排水工程	万t/日	≥10	4～10	≤4	
3	燃气工程					
	管道燃气（包括气源厂）	万m³/日	≥30	10～30	≤10	
	液化气	万t/日	≥3	0.5～3	≤0.5	
	热力工程	万m²	≥500	150～500	＜150	
4	道路工程	万m²	≥10	4～10	≤4	
5	隧道工程	m	≥1000	250～1000	≤250	
	桥梁工程	m	≥100	30～100	≤30	多孔跨径
		m	≥40	30～40	≤30	单孔跨径
6	轨道交通工程					
7	风景园林工程	万元	＞1000	100～1000	≤100	
8	环境卫生工程					
	环境垃圾焚烧工程	万t/日	≥300	100～300	≤100	
	生活垃圾卫生填埋工程	万t/日	≥800	300～800	≤300	
	堆肥工程	万t/日	≥300	100～300	≤100	

2）市政公用行业的工程分类

从国家行业工程标准可以看出，市政公用工程是指城市的市政基础设施建设，它是城市物质文明和精神文明的重要保证，是城市发展的基础，是保障城市可持续发展的关键设施。市政公用工程主要由交通、给水、排水、燃气、热力、环卫以及桥隧等工程系统组成。

3）风景园林行业的发展

根据国家最新行业标准定义，风景园林工程包括风景资源的评价、保护和风景区的设计；

城市园林绿地系统、景园景点、城市景观环境；园林植物、园林建筑、风景园林道路工程、园林种植设计，以及与上述风景园林工程配套的景观照明设计等。

进入21世纪以来，人民物质生活水平有了大幅度提高，精神层面的需求也越来越多，不再满足于原有简单的植物绿化处理，对生活工作的环境及休闲娱乐的场所环境有着更高的期待；风景园林也得到了社会的重视和长足的发展，各类工程项目开发过程与风景园林的关系也越来越密切，促使风景园林行业逐渐脱离市政行业，成长为新世纪中社会经济、城市建设快速发展的重要载体。

4）风景园林行业与市政公用行业的现实关系

从最初的从属于市政公用行业，到独立出来成为专项资质，风景园林行业依靠自身的发展壮大得到更多的重视与尊重。风景园林行业与市政公用行业的关系不仅没有隔断，反而联系得更紧密。这是因为市政公用行业作为城市发展的基础，范围广、影响面大，其中大多数项目都涉及风景园林专业；做好市政行业的风景园林设计，使得市政公用工程不仅能提供民众基本的物质需求，还能满足其更高层次的精神追求。

1.2.2 市政公用行业中风景园林的重要性

1）社会经济发展的需求

改革开放以来，我国经济取得飞速发展，原有的城市基础设施已满足不了人们的使用需求；城市人口持续增长，城市范围也在扩大，许多新的区域被开发成城市，随之而来的诸多问题也越发显著。原有的城市道路需要拓宽，城市内的厂矿企业需要搬迁，兴建更高效的给排水设施，污染的河道需要疏浚治理，旧的棚户区、城中村需要拆迁改造，城市扩大带来的市政配套设施升级和原住居民的拆迁安置也需要完善配套，这些市政公用工程的建设都离不开风景园林设计。风景园林专业能够配合城市道路建设来完善城市慢行系统，能够结合城市河道的疏浚拓宽而还城市居民清洁、静谧的亲水景观空间，能够结合城市拆迁改造完善新的城市功能，能够使安居适用房的环境更贴近老百姓的精神需求等。因此，市政公用行业的风景园林设计是社会经济发展的需求。

2）人文关怀的体现

随着生活从解决温饱到小康的飞跃，人民的需求也从基本的物质需求上升到精神文化需求层面，国家在各个领域的标准制定都比过去有着显著的提高。比如道路建设标准，在保证安全的基础上舒适度大大提升，雨污分流工程得到大力推进，城市街道景观也注重打造特色，原有的河道硬质驳岸也以生态亲水的软驳岸来代替，桥梁也不是模样生硬、色彩呆板，而是各具特色，夜景照明更显色彩斑斓，成为城市一道亮丽的风景线。居住区和工厂内部也不是仅仅种上几棵树，而是要打造具有自身特色的花园式景观。不仅如此，更多的人文关怀也被充分考虑，比如位置极佳的城市节点不是进行商业开发，而是建设成为街头绿地；城市河道两侧，不再是建筑、围墙，而是绿树成荫，更有休闲场所和锻炼设施供使用。这些都说明市政公用行业的风景园林设计体现了人文关怀。

3）可持续理念的实施

经济飞速发展的同时也会带来诸多的问题，不可再生资源的减少、片面追求GDP而带来的污染、城市规划目光短视等。这些问题在具体工程的实施中尤为突显，因此规划设计要坚持贯彻可持续发展理念。在规划新的城区时，要节约耕地，不能好大喜功片面地追求所谓的气势、排场而浪费资源。如何为适应环境变化和应对自然灾害而构建"海绵城市",让城市像海绵一样下雨时吸水、渗水、净水、蓄水,需要时将储存的水释放并供给使用。在道路、桥梁建设时,不仅要考虑造价,还要把量放足,不能拆了建、建了拆,一会桥改隧,一会又隧改桥。尽量采用可渗透路面,以完善雨水收集系统。在打造河道景观时,不能图省事而简单使用直壁挡墙,应更多推广和使用生态型护坡,使得受破坏的城市海绵体通过综合运用物理、生物和生态等多种手段来修复、恢复。在规划布置综合管线时,不能各自为政、各专业难以协调统一,要通过构建综合管廊配合"海绵城市"的构建来完善城市的规划。总之,在市政公用行业的风景园林设计中,要坚持可持续理念。

1.2.3　市政公用行业的风景园林设计原则

市政公用行业的风景园林设计应遵循整体性、可实施性和可持续性原则。

1）整体性

市政公用行业的风景园林设计首先要遵循整体性原则。在市政公用工程中风景园林专业往往属于辅助专业或者次要专业,设计时要注意与主专业保持协调一致、保持整体性。在与其他专业配合时要保证相互之间的有效沟通,统一协调协作,不能各自为政。要因地制宜,在材料的选用上注重与地域环境保持协调、融合;与周边建筑、环境也要保持协调以形成整体性,不能忽视项目所处的环境和大氛围。

2）可实施性

市政公用行业的风景园林设计还要遵循可实施性原则。在与各专业配合的过程中,市政行业不能仅考虑自身专业的特点,忽视现实可实施操作的条件,如覆土深度不够就无法种植大型乔木;地下管线不能有效梳理,乱七八糟的布置就无法满足景观需求;园林专业投入过少也无法满足景观效果。风景园林专业的设计也要与市政行业的设计品质相匹配,不片面追求专业的特色或效果。

3）可持续性

市政公用行业的风景园林设计还要遵循可持续性原则。可持续性这一概念即生态持续性,应注重自然资源及其开发利用程度间的平衡。协调城市与大自然的关系要通过科学、谨慎的风景园林设计,城市和基础设施建设对土地生命系统的干扰是可以大大减少的,许多破坏是可避免的。目前市政公用行业存在各自为政的现象,在规划中要注意各专业的实施顺序,不能先种树再挖管线,也不能先铺人行道再挖树池,要减少后期施工的返工和破坏。植物种植设计要尊重自然发展规律及树种的生态习性,不能为了短期效果而种得太密,不考虑树木本身的生长规律。同时要考虑树种与当地气候、土壤的适应性,适地适树,才能形成稳定和谐的生态植物群落。

1.2.4　市政公用建设工程的风景园林类型概述

1）道路风景园林

依据城市道路等级的不同,道路风景园林可以分为城市景观大道、主要道路景观、一般道路绿化和街巷景观等。

（1）城市景观大道

城市景观大道通常为城市主要景观轴线,或新区到主城、机场到主城,以及不同区属间的连接纽带。道路路幅在 50 m 以上,中分带、侧分带较宽,外侧为宽幅在 15～30 m 或 30 m 以上的景观绿化带或防护林带。此类工程重在展现城市面貌，具有城市轴线或生态廊道功能。设计需在沿线设置众多景观节点，与城市地标或各种公共空间连接。两侧绿带景观空间要变化多样，并设置较多的硬质场地及建筑小品、配套设施，植物绿化需层次丰富，景观效果要显著（图1.1）。

图1.1 南京市河西新城江东南路景观大道

（2）主要道路景观

城市或新区的主要道路路幅在30～50 m，一般包括中分带、侧分带以及宽幅在15 m以下的景观绿化带。主要道路景观设计应注重与城市相关节点的联系，两侧绿带利用微地形及植物营造景观空间；不设置过多硬质景观，植物种类繁多，绿化层次丰富，强调季相及色相变化，给观者带来舒适感（图1.2）。

图1.2 南京市溧水区滨淮大道

（3）一般道路绿化

一般道路是指城市支路或者新城区的次干道，一般仅有侧分带或者中分带，甚至有的不配置大乔木，仅种植亚乔及灌木、草坪，或者在人行道上种植行道树。此类工程一般采用简洁的植物搭配形式，植物层次一般不超过4层，强调秩序性和特色性（图1.3）。

图1.3 南京市溧水开发区团山路

（4）街巷景观

街巷的景观设计是在其景观先天不足的情况下所做的弥补修整。完全的弃之不顾和简单修饰，或者全部拆除重建都不是合理的选择。街巷两侧多为民俗街区或商业店铺，只有满足城市环境特点与要求的合理保留与改造，才是合理而可持续的街巷景观设计。设计通常采用具有风格独特的店牌、店招，门前修建统一风格的铺装、花池及绿地，或根据地域特点搭配传统特色的建筑小品、雕塑，增加公共服务设施如座椅、垃圾桶、公交站台、标识牌等（图1.4）。

图1.4 南京市玄武区洪武北路

2）桥隧风景园林

桥隧风景园林主要有桥梁造型设计、隧道顶面绿化以及相关的夜景灯光照明等。

（1）桥梁造型设计

风景园林建设中通常根据桥梁的不同结构形式，结合时代特征、地域人文以及历史传承，利用各具特色的装饰来设计美化桥梁的造型和细部。协调完善简支梁、提篮拱、斜拉和悬索等不同的结构、造型、饰面材料以及颜色搭配，并利用细部的装饰来营造效果，配合栏杆、扶手以及铺装材料等来形成特色（图1.5）。

图1.5　济宁市玉带桥

（2）隧道顶面绿化

设计结合覆盖式或半开敞式隧道的自身特点，充分研究其顶面的覆土深度，进行植物种类选择来营造景观效果。同时结合实际情况选择攀援植物及其他植物，以依附或铺贴的方式来进行垂直绿化、覆盖绿化的设计应用（图1.6）。

图1.6　南京市鼓楼隧道顶绿岛

（3）夜景灯光照明

风景园林专业还根据新时代的需要，给桥梁、隧道以及人行天桥配上夜景灯光照明，使其成为城市一道亮丽的风景线（图1.7）。

图 1.7　济宁市草桥

3）给排水风景园林

给排水风景园林设计主要包括河道景观设计、灌溉排洪沟渠景观设计、防洪调节库景观设计以及水厂景观设计等。

（1）河道景观

随着治理污染意识的增强，越来越多的自然河道需要配合以景观设计。根据河道两侧绿带的不同宽度，进行纯绿化设计或者打造城市景观带、城市风光带。结合不同的驳岸形式配置不同尺度的景观平台、栈台，用公建、景墙、亭廊来构建场地，通过园路、曲桥、健身步道形成游览路线、慢行系统，利用层次丰富的植物围合空间，形成各具特色的河道景观（图 1.8）。

图 1.8　常熟市环城河通廊

（2）灌溉排洪沟渠景观

有些城市仍保留用来灌溉、排洪排涝的水渠，这些沟渠多以硬质挡墙为驳岸，两侧绿带较窄，景观效果也较差。设计除了在水渠外侧形成绿化隔离带外，还以种植悬垂植物来软化驳岸的硬质感。

（3）防洪调节库景观

不少城市根据城市自身特点设有防洪调节库，主要用来进行防洪排涝、蓄水灌溉等，防洪调节水库一般面积较大，影响范围较广。设计根据地块周边的规划，结合不同的城市功能定位和需求，将公共空间、大型商业综合体、高档别墅、酒店和文化展览馆等纳入其中，将水库变成一座优美迷人、带有浓郁当地文化气息的城市淡水湖公园。在景观塑造过程中，体现宁静又野趣盎然的环境特质，赋予其活力四射的现代都市滨水活动区功能（图1.9）。

图1.9 曲靖市城南片区防洪调节库景观

（4）水厂景观

随着人们对生活中环境优化的需求，污水厂、自来水厂等也需要进行相应的景观规划设计，以建成花园式现代化水厂。设计需根据污水厂、自来水厂的总平面图规划，结合建筑物、构筑物的风格和布局来设置景观空间，如轴线和分区、场地和园路、设施和绿化，将景观元素运用其间，形成别具特色、同时强调企业文化的水厂景观设计。设计中可以把水元素做到极致，体现假山跌水、静水喷泉等各种水景的姿态万千（图1.10）。

图1.10 太仓市第三水厂景观

4）广场风景园林

体现景观设计的广场主要包括大型城市广场、城市市民公园和小型街头绿地等。

（1）大型城市广场

大型城市综合广场不仅要解决城市主要功能，还要考虑与公共空间、城市地域景观的结合。设计在满足实用功能的前提下，打造具有城市特色、时代特征、历史意义的景观广场，建设集集会、休憩、交通、景观、形象等功能于一体的城市综合广场（图1.11）。

图 1.11　南京市火车站站前广场

（2）城市市民公园

城市市民公园为城市居民提供开放性的活动场所。在开放的空间中，设计注意动静结合，增强游人的参与性、趣味性，满足城市街区内的休闲娱乐功能，提供包括休憩、娱乐、健身以及交流等功能空间，坚持以绿为主，注重保护生态环境，改善城市小气候，聚集人群，丰富人民物质文化生活。此类工程主要由场地、水景、假山、密林、景观建筑小品、健身器械、园路、公厕及停车场等组成（图1.12）。

图 1.12　南京市溧水区和凤公园

（3）小型街头绿地

在城市中难以利用开发地区或者边角地带打造街头景观。有的以纯植物绿化为主，有的设置可以临时休息、交流的小场地，以完善城市绿地生态系统。此类工程多由花坛、花池、矮墙、座凳、小场地以及简单的亭廊景墙组成（图1.13）。

图1.13　南京市溧水区珍珠北路三角绿地

5）其他市政公用建设工程风景园林

市政风景园林不仅限于上述范围，风景园林还体现在市政建设工程的诸多方面，如配合燃气热力工程对其外露管线进行美化，种上绿篱或者防护围栏；对垃圾填埋场区进行景观绿化，在美化环境的同时可以吸收有害气体、防尘降噪；对城市轨道交通的带状外围种上植物进行有效防护和隔离等。

1.2.5　风景园林在市政公用行业的发展

随着经济的发展和人民生活水平、艺术审美的持续提高，风景园林在市政公用行业的发展有着更广阔的前景。

1）协同规划，节约资源

因为市政公用行业本身较为复杂，各工种联系较为紧密、各专业之间搭接较多。因此，市政公用行业风景园林规划设计时更要注意协同规划、多方协调，形成统一体，做好各专业排序，以免在具体实施中相互扯皮，重复挖建，造成浪费。以笔者设计的南京市河西新城江东南路景观大道项目为例，沿线有有轨电车、河道、江山大街青奥轴线，以及医院、河西公园等，设计轨道交通、给排水、城市道路、桥梁、通讯、公共交通、园林绿化等，如不协同规划设计、密切配合，有可能会导致工期延长，严重的会导致返工甚至事故，从而带来资源的极大浪费和其他不良后果。

2）应用广泛，前景广阔

市政公用行业作为国家城市建设的主力，其范畴广泛，从道路到桥梁、从给排水工程到水环境综合治理、从城市绿地建设到街巷景观改造、从工厂搬迁到拆迁安置住宅建设，大多工程项目都涉及风景园林专业，且风景园林在其中的作用越来越大。因此市政公用行业中风景园林应用广泛、前景广阔。

1.3 风景园林的学科复杂性

相对于城市规划、建筑学等专业，我国的风景园林学科起步较晚，但是其所涉及的内容却相当广泛，与多个学科都有交叉。目前从事风景园林设计和工程方面的人很多，虽然多数都没有受过专业的训练，但是他们也有可能做出不错的作品；也是这个缘故，风景园林学科常给人以简单、容易的感觉。

事实上，风景园林学科远非很多人所想的那样容易，其广泛性所带来的不仅仅是从业基础较低，同时也造成了该学科的复杂性。风景园林学科囊括了自然地理、建筑绘画、艺术美学、人文历史、植物生态、心理哲学、管理经营、工程技术及其他等众多学科的内容。本节从以上学科在风景园林学科发展过程中的应用进行简要分析。要想做好风景园林规划设计，只有掌握好这些学科的知识并加以合理的应用，才能略窥门径。

1.3.1 风景园林项目进程中的其他学科应用

在风景园林设计发展成为独立的一门学科以前，设计师就开始吸收包括自然地理、建筑美学、绘画艺术等众多学科的内容，在实际项目运作过程中，更需要结合自身特色，不断提高、总结、实践，形成熟练运用各学科知识的专业能力。具体到项目进程中，则每个阶段涉及的学科不同，且相同的学科在不同设计阶段也会重复出现。

1）在前期准备中的其他学科应用

在风景园林设计的前期准备工作时，需要进行认真详尽的现场勘察以及系统的场地分析，抓住可以利用的一切积极因素，捕捉霎那间的灵感（图 1.14）。设计准备阶段需要了解项目所处场地的自然状况，包括地形、植物生长情况、气候条件、地质状况及是否有动物聚集等。因此，首先需要掌握自然系统学中的地质学、水文学、气象学等。了解基地的土壤土质以及阳光、水雾、风向等，对基地现状进行细致分析、研究，利用现状地形、最大限度地挖掘基地潜力，掌握可利用的水资源系统、径流模式等等。其次，运用生物科学中的动物学、植物学、农学（园艺）、林学（植物）等知识，了解生物圈的构成演化、环境科学中宏观气候对微观气候的影响，并了解小范围的气候、水文，研究其对植物、动物的影响，以期在方案设计中扬长避短、合理应用。

同时，必须对项目从规划限制上进行分析。了解设计外围影响制约因素，如建筑、交通、景观、开发限制条件，以及总体规划、区域规划等对项目的总体影响；并注重区域、城市空间、社区规划原理，城市与风景园林设计原理，设计要素的功能作用等对设计项目的直接和间接影响。

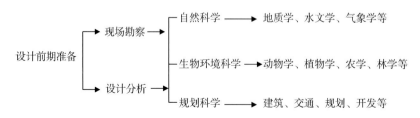

图 1.14　风景园林设计前期准备中其他学科的应用

2）在方案设计中的其他学科应用

在收集场地的各种基本信息并进行系统分析后，需要利用各种专业知识来进行方案设计。在此过程中，需要融汇建筑绘画、艺术美学、人文历史、心理哲学等学科的知识，并通过地理信息系统、遥感、计算机辅助设计等先进手段来完成方案设计（图1.15）。

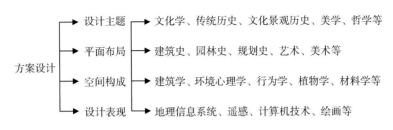

图1.15　风景园林方案设计中其他学科的应用

（1）方案设计需要抓住设计主题

风景园林设计的灵魂在于是否体现了人文价值，即"有无主题"，因此抓住瞬间的灵感，进行归纳、总结、演绎，赋予其一定的文化内涵是非常必要的。在方案设计中，必须要掌握文化学、传统历史、文化景观历史等学科的知识。一方面，了解一定的地域资源、人文掌故，设计中可以借用类似的人文资源以构成景观的文化元素，同时还需要一定的媒介物诸如诗词、楹联、雕刻、绘画、书法等来构成文化景观；另一方面，通过对历史的挖掘构筑景观意境，提高空间、景点的凝聚力，完善功能，提升景观设计的品质和品位。

此外，哲学、美学在风景园林设计中也有很高的利用价值，可借此认清事物本源、感知世界，如在设计中采用抽象的手法来揭示各种关系潜在的联系。

（2）通过平面布局来体现主题

为了完善风景园林的各种功能，必须掌握建筑（城市规划）以及绘画方面的知识，需要学习建筑史、城市规划史、园林史、景观学发展史，特别应注意建筑发展历史中形式、风格的转变对景观（园林）的影响，如中西建筑布局的差异对不同景观的影响。同时，艺术设计、美术以及景观构成等也对景观设计产生重要影响。近现代艺术的不断发展，风格的演替对风景园林设计的平面构图、空间构成都产生深远的影响。不同阶段的装饰、纹饰手法影响了各种艺术设计，进而影响风景园林。随着时代的发展，其他艺术也越来越多地对景观设计产生影响，像工业设计、平面设计、室内设计、雕塑设计等越来越多的艺术形式出现在景观设计中。

同时，随着时代发展，人们的审美也产生很大变化。人们的喜好不再是单纯的"非此即彼"的二元构成，而是有了更多的"灰色地带"，这对风景园林设计的应用产生不可忽视的影响。

（3）空间构成是景观设计的直观感受

设计者必须对建筑学有较深层次的理解和掌握，同时还需掌握一定的心理哲学方面的知识。只有充分研究环境心理学、环境行为学、景观疗愈、心理行为学等内容，并分析适宜人居艺术环境以及人类社会与行为对设计的影响，才能做好风景园林设计。设计是为了满足需求，不同的项目类型其社会需求不同。设计必须从受众心理方面分析场所空间感的形成，不同群体空间需求不同，应考虑场所空间的气氛和尺度是否合适。研究受众的行为，仔细考虑如何营造舒适的空间，以及设施的尺度感等。同时，园林空间的构成与所用材料有较大关系，不同材料围合的空间给人的感觉不同，为了更贴切地考虑观者的感受，这就要求设计者必须研究和掌握植物学、材料学等方面的知识。

（4）通过多种设计手段来表现景观方案

通过分析和利用地理信息系统、遥感等技术所获取的资料，形成直观、详细的图片，更有助于设计的认知。随着计算机技术的发展，其功能的多样化、应用的普及化丰富了方案的表现。在设计表达中绘画的作用进一步被放大，徒手表现的平面图、立面图、透视图都能形成直观的影像，使得原有的平面变得立体、生动起来。同时，绘画的布局、构图以及色彩、质感对风景园林设计优劣的评判也直接产生影响，如中西方绘画手法侧重不同，西方重写实，中国重意境，这在具体设计中也有体现。

3）在工程设计中的其他学科应用

在工程设计（方案深化实施）的过程中，必须对设计方案进行量化、细化，通过图纸与技术解说的表达，并运用技术计算机制图以及设计表现来形成可供施工的图纸。而要实现这个目的，不仅要掌握植物生态学科内容，还要学习工程技术学科的知识（图1.16）。

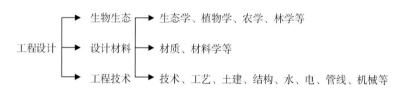

图 1.16　风景园林工程设计中其他学科的应用

（1）在植物生态科学领域

工程设计中应具备生态学、植物学、农学和林学等专业知识。一方面要重视植物景观在风景园林设计中的重要地位。了解植物习性，在选择上注重种植方式和季色搭配，如了解自然式、规则式的不同效果，把握植物空间层次，体现季节变化和时空转变之美。另一方面还需注重植物选择的地域性，在形成地方特色、维持生物多样性的同时，也需要注意避免外来物种的侵袭。

（2）在景观硬质材料领域

具备材质、材料学知识，材料选择上注意生态性。在环保、可持续发展的前提下保护生态平衡，积极使用新型环保材料，推广新的环保措施在风景园林中应用。如环境景观整治养护中的景观维护设备、水土恢复措施等。此外，在通晓材料性质的同时还需对新工艺、新技术的开发和推广应用给予一定关注。

（3）在工程技术领域

工程技术领域中需要掌握常规工程方法和技术，这是实现设计意图的重要步骤。在风景园林工程施工方面，需要了解地质、构造、材料等方面的知识，了解水土流失控制、基础河岸和小型地下建筑结构设计、特殊类型园林项目的施工建造、施工质量控制管理、施工机械使用技术等。此外，还需了解交通道路系统、照明系统、给排水系统、电力电讯等市政管线系统、步行道路系统、场地平整与场地排水、游戏场地设计等相关专业专项知识。

1.3.2　项目组织中的其他学科应用

风景园林设计师除了要跟进从方案规划设计、论证、图纸制作以及有关部门审批直到建造活动的全过程外，还需负责设计项目组织。在此过程中，必须了解和掌握政策法规、招投标程序以及经营管理方面的知识（图 1.17）。

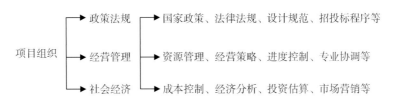

图 1.17　风景园林项目组织中其他学科的应用

对于一般委托的项目，设计师必须掌握相关政策法规，如宏观政策与法律、甲乙双方建设合同法、劳工法、规划法与土地使用法、规划设计规范等；而针对招投标的项目，设计师还必须熟悉评标程序和步骤、招投标的法律程序以及所需造价分析。不仅如此，设计师还需掌握规划设计管理学的知识，从经营管理、规划设计人员管理到规划设计进度计划制定，以及各类专业实践经验、各专业工种的协调组织等都应通晓，而对都市计划、土地管理、自然资源管理、游憩资源管理等方面的知识也要有一定程度的了解。

此外，在项目的成本控制方面，设计师需要掌握社会经济学方面知识，必须在经济许可的范畴内进行设计以及材料、工艺的选择，对整体投资进行把握，了解各类建设投资概预算、市场营销等，并抓好各分类项的控制，从而实现项目的经济性以及可持续发展。

1.3.3　风景园林学科新的影响因素

随着时代的发展，不同的设计思潮、不断发明的新材料和新工艺，以及人们不断提高的物质和审美需求，都对风景园林设计提出了更高的要求，同时也对其发展产生重要影响，主要体现在新的艺术审美、材料技术科学的发展以及大众高层次的生理、心理需求范畴等（图 1.18）。

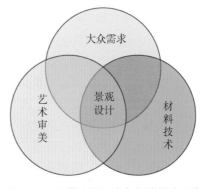

图 1.18　风景园林设计中新的影响因素

1）艺术审美

科学技术的发展带来时代的变迁，不断出现的新事物以及世界经济一体化的进程促使人们的思想发生翻天覆地的变化，传统的"二元论"退出主流，各种艺术思潮日益兴起并影响着大众的审美。

在詹克斯宣布"现代主义建筑死了"以后，所谓的"后现代主义"思潮并未停止前进。先后演替的"古典主义"、复古主义、现代传统主义，以及后来的"高技派"、结构主义、新现代主义都宣示艺术思潮的变革，它们不断地影响了人们的艺术审美并使之发生转变。延伸到景观设计，经过不同阶段、不同项目中的不断演变和发展，形成了不同的风景园林设计理念和风格，诸如彼得·沃克倡导的"极简主义"、玛莎·施瓦茨的"后现代主义"尝试以及哈格里夫斯的大地艺术，无不体现着艺术思潮对风景园林设计风格的影响。

2）材料技术

工业文明的发展带来现代科学技术的突飞猛进。人们不断利用新技术、新材料在各个领域进行尝试；同时，随着人类生存环境的恶化，生态环保、可持续发展的理念开始得到大力推广，相关领域的材料也在不断研发和推广中。

能源问题一直是人类生存和发展的关键因素，21世纪来临后能源问题更显突出，这也促使人们开始研发和推广新能源的利用，太阳能、风能等清洁可再生能源在景观设计领域也逐渐得到使用。原有的水资源应用方式的改变，也很大程度上改善了生态环境，具体措施包括雨污分流、雨水收集和循环利用等。在硬质材料的选用上，可以回收利用的金属材料使用越来越广泛，而废旧材料的再利用也出现在诸如透水铺装场地、景观墙体等方面。如以植物纤维为主原料合成的新型复合材料——塑木，因其具有原料广泛、产品可塑、使用环保、易于回收再生等优势，适用范围非常广泛，几乎可涵盖所有原木、塑料、塑钢、铝合金及其他类似复合材料的使用领域，同样也在园林领域得到应用，一定程度上促进着风景园林设计行业的发展。

3）大众需求

社会随着时代的飞速发展不断前进，人们的思维模式也在不断变化；对经济和生活条件的追求，无形中增加了生活的压力，从而使得人们释放压力的需求不断提升，这在一定程度上也影响着风景园林设计行业。

在物欲横流的当今社会，人们追求的是什么？是浮华奢靡的生活享受，还是回归自然、追求童真的愿景？必须分析、掌握大众行为心理，才能设计出满足不同需求的景观作品。针对不同需求的群体，需要从他们的切身利益出发，分析其行为以及生理和心理需求，提出针对性的解决方法，为他们提供庇护心灵的处所，或是寻求释放自我的空间，或是和家人共度休闲的场所等。

在设计过程中，利用不同设计元素、采用不同设计手法也会利用到看似互不相干的不同学科知识，如巴塞罗那世博会的德国馆所采用"流动的空间"理念，与音乐有着某种通感；在营造日式"枯山水"的园林空间时，有着佛教禅意的感知；在游赏网师园中的"月到风来亭"时，则可感受到"晚色将秋至，长风送月来"的意境。

如此看来，尽管风景园林学科的门槛看起来并不高，但是要想真正掌握还是很有难度的。不能只靠在学校里学习的知识，而是需要不断提高自身的文化修养，进行系统的风景园林设计相关理论学习，同时掌握关联学科知识，并积极参与到实际工程项目中，将理论结合实践。只有这样，将风景园林设计所涉及的学科知识系统掌握并融会贯通，才能真正略窥门径，才能设计出生态性、人性化、有意境的园林环境空间。

2 风景园林设计

进入工业文明以来，科学技术发展推动了人类的进步，同时也对生存的环境造成了诸多不良后果，全球变暖、雾霾气体、土壤污染、水环境恶化等问题纷至沓来。有鉴于此，人们在反思之余，逐渐形成一定的共识，要在科技的发展中找到治理环境的良方。在人口不断增加，资源逐渐减少的情况下，如何满足人们回归自然的需求？如何满足人们从基本物质生活需求到精神层面追求的变化？如何让人们充分享受到社会经济发展带来的福利？

在全球一体化的今天，面对日益恶化的人类生存环境，风景园林从业者责无旁贷。首先，要抓住风景园林设计是空间设计的本质，从空间构成角度来考量风景园林，做到形式与功能真正的统一。其次，要继承传统园林对"多方胜境，咫尺山林"意境的追求，在园林空间的意境营造中实现艺术审美与人类发展的共同进步；同时，注重发挥植物绿化在风景园林中的作用，通过植物绿化来优化空气质量，调节小气候，改善生态环境。最后，要借助于景观生态学设计思想，在创造景观意境空间时以生态研究方法解决自然环境与社会发展的矛盾。人类与自然之间并非简单的单向关系，而是复杂的双向关系，协调好这种关系即是风景园林规划设计的目的，追求营造生态性的意境空间。

风景园林在其发展过程中，因为受到不同阶段的国家政策、社会发展、历史事件、经济条件等的各种制约，存在着诸多不足。主要表现在行业地位比较低，学科很长时间得不到重视，项目实施过程中容易受到干扰，并没有发挥出应有的作用，这些问题亟需风景园林从业者沉静思考、着力解决。

2.1 风景园林空间构成

人类从"筑巢以避风雨"的原始追求到"上栋下宇"的简单梦想，再从"钢筋水泥森林"的城市生活到自然社会的回归向往，这一漫长探索过程无不反映人类对空间环境的不断追寻。现代景观设计大师盖瑞特·埃克博提出，"空间"是设计的最终目标。

风景园林规划设计归根到底可以说是空间设计，且风景园林空间具有多重性，它由诸多园林元素构成，又通过匠心独到的设计把不同的艺术融合到一起、形成艺术空间，置身其中能使人感受到自然的无限美好，引起沉思和浮想。不同园林元素构成的风景园林空间不同，且其意境往往差别很大；即便是在同一尺度下不同元素的组成，景观效果也不尽相同（图2.1）。

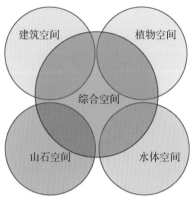

2.1.1 建筑空间

建筑作为风景园林设计的重要组成元素，由其组织构成的空间意义重大，往往对意境的产生起着决定作用。建筑不应该只是简单地放在场地中心，而应该融入景观之中。

传统古典式园林建筑或民居以院落为主要组成单位，这种院落是由单体建筑小品通过一定的形式组合构成的建筑空间。这些古典的建筑小品风格飘逸、构筑精巧，主要包括宫殿楼阁、厅堂轩榭、围廊曲桥、亭台碑塔、门楼影壁、牌坊景墙等，古人将这些景观元素或一或二罗列、或三或四搭配，围合成一个个静谧的空间。景观布置中或对景、或借景，或显现、或隐藏，总能显示出匠意的精巧（图2.2）。究其原因，皆因功能考虑周详，格局布置合理，空间层次丰富。

图 2.1　风景园林空间的主要构成

近年以来，风景园林设计中出现大量西为中用、古为今用的建筑小品，无论是罗马柱的亭廊还是大出檐坡屋顶的茶室，也不管是金属材料的水幕墙抑或是青砖白墙灰瓦的景墙，不论是多重的跌水盘还是精巧的石灯笼，都说明如今风景园林设计中建筑小品在空间的营造中仍然占据重要地位，有别于传统风景园林以建筑群落或院落作为空间的载体，现代景观设计利用个体，通过比例夸张、材质考究、造型别致来形成"建筑雕塑"，以个体"反围合"而营造出现代性空间。

图 2.2　南京市江北新区市民中心屋顶庭院

2.1.2 植物空间

风景园林中由植物景观元素构成的空间随处可见，从花境到树阵，从绿篱到密林，这些植物景观无不存在着空间的组合。从种植形式上来说，从孤植的珍树名木到防护林带，从具秩序感的行道树到自然的植物群落，从法国凡尔赛宫的模纹花坛到英国自然风景园林，都包含有空间的构建或界定。从植物的形态搭配上，不管是高低错落还是疏密有间，也不管是灌乔搭配还花灌搭配，也都体现了空间的围合与开放（图2.3）。

如果借助地形的高低起伏，植物群落则能更好地围合、遮挡、显露空间。不管是作为宅间的绿地分隔，还是作为植物背景或者围合的"边界"，都能改变观者的视线，丰富空间的层次。在有限的空间里，地形变化给观者以视觉变幻，配合植物配置的高低错落，达到模仿自然山林的目的。

图2.3　合肥市南淝河景观提升工程

2.1.3　山石空间

山者，天地之骨也。风景园林设计非常注重运用山石来构筑空间，山石种类多样、风格各异，组合方式较多，富于变化，与庭园中的建筑、植物、水体交相辉映，丰富了风景园林空间，能创造小中见大、常中见奇的效果。

山石空间主要表现为以下形式。其一，雕塑空间。不管是"透、漏、瘦、皱、丑"的观赏石，如留园的"冠云峰"，还是三五成群的置石，如拙政园的"海棠春坞"，都被当作抽象的雕塑来点缀空间、映衬空间。其二，主题空间。不论是千奇百怪的石林，如狮子林的"揖峰指柏轩"前院，抑或是营建瀑布跌水的假山叠石，山石不仅单独构成主题景观，还与相邻的园林空间形成对比空间、组合空间（图2.4）。其三，边界空间。犬牙参差、大小各异的驳岸石，如瞻园的北部水景，或是高低错落、转折起伏的蹬道石阶，都起到形成过渡空间、分隔空间的作用。其四，标志空间。不论现代化住宅区入口的题字石，还是大型公园的标志石，如无锡安镇的"和泽公园"，都是对景观空间一种标识。

"仁者乐山"，传统风景园林承接传统"文人园"思想，经过不同历史时期的发展，不断完善、不断创新，近年来出现塑石工艺，为奇石假山的塑造提供了广阔的发挥空间。

图2.4　太仓市第三水厂一期工程

2.1.4　水体空间

相对于山石，水体对风景园林设计更有着不可替代的作用。

古典园林里几乎"无园不水"，而现代风景园林中水体空间也是重要的景观要素。人类自古以来逐水而居，对水有种自然的亲近感，水体的周边地域是人流最为集中、功能最为丰富的区域（图2.5）。江南园林因为占地较少，其布局多是以相对较大的水体为中心，建筑小品向心分布在周围，从而达到围合空间的目的，形成一个相对封闭的天地。也有以较窄的溪流以蜿蜒曲折的布局来塑造景观的，配合以两侧的植物、山石形成开合收放不断变化的空间。皇家园林通常不受用地的限制，其水体有大有小，除了建筑围合水体，还有水体在外侧再次围合建筑小品的处理方式，这样就形成了多层次的景观空间，而大水面可以使人的视线无限延伸，在感观上扩大了空间。近现代景观中新式、西式水景运用更为广泛，其形式也多种多样。比如水幕墙的使用，水幕的产生与停止，使得水幕前后

图2.5　溧阳市焦尾琴东入口公园水面

的空间发生不断的变化。又如西式跌水盘，一般布置在场地的中心位置，形成视觉的焦点，从而使整个场地形成较"虚"的围合空间。再有就是喷泉，不管是旱喷还是雾喷，都能从某种程度上分隔空间。

在更为广阔的自然天地中，江、河、湖、海呈现"智者乐水"的情怀，通过治理水质、改造岸线、打造景观，提供更多宜赏、宜游、宜居的水体空间。

2.1.5　综合空间

实际上，上述几种景观元素单独构成空间的情况并不多见，因为景观空间一般不是单一性的，而是多元化的综合空间（图2.6）。其一，景观空间是由多种元素组合而构成的。不同的景观元素经过不同的组合呈现的效果不同，即便相同元素因其组合形式不同空间效果也不相同。景观空间中以前述的几种元素最为主要，其他如地形、园路、桥梁等也不可或缺。其二，景观空间常常是互相流通的，分隔比较自然而不随意，遵循一定的规律。有人说景观空间是"围而不隔，隔而不断"，实际上景观空间是既联系又分隔的，或者说是通过空间来联系与分隔，从而形成"并联"或"串联"的布局，或者是"向心"或"离心"的形式。总体上以开放的小空间来围合大空间，或者是围合的小空间形成大的开放空间，从而形成大的景观组团。当然，单一性的景观空间也是存在的，只是组合的景观空间应用更为广泛。

风景园林设计的本质即是空间设计，不同于建筑内向围合的空间塑造，风景园林空间是向外围合，以建筑、小品、植物、山石、水体等作为中心，通过不同景观元素之间的组合、搭配、映衬来向外延伸，形成综合复杂的风景园林空间。

图2.6　商丘市古城湖景观规划

2.2　古典园林意境的传承

从与自然山水"比德"，到"隐逸"思想的产生；从向往"天人合一"，到达到"外师造化，中得心源"的境界，先哲们在传统风景园林的诞生和发展过程中，以山水画、田园诗为基础，不断地汲取绘画、书法、文学、哲学等多种艺术的营养，融汇在一起形成系统造园理论，达到极高的艺术境界。这其中诸多文人、画家更是亲身参与，与造园工匠相互学习，在营造精巧风景园林的同时赋予其深远的意境，以实现意境与人文历史、人工环境的融合。

在西方的景观设计理论中，往往忽视中国传统风景园林对于意境的营造与追求。作为园林设计师，应该传承古人造园的精髓，即通过对有限空间的景物精心设置，通过引申、联想等方式来实现风景园林中的意境，也就是说观者可以通过自身的感官来感受周遭的景物、空间、氛围而升华成意境。想要更好地领会风景园林在形式、色彩、声乐以及质感等方面的意境之美，不能仅仅凭视觉，还需要结合听觉、嗅觉以及触觉等感观综合感受（图2.7）。

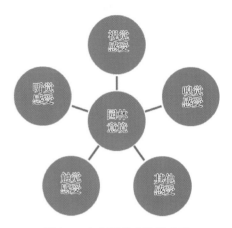

图 2.7　古典园林意境的感受

2.2.1　视觉

风景园林给人最直观的感受即视觉享受，因而视觉创造的景观意境也最多。

首先，传统园林建筑色彩清新淡雅，粉墙黛瓦，木柱石阶，与自然山水、植物构成和谐的景观。庭院式的空间围合，亭台楼阁的布局，回廊的空间分隔，围墙漏窗、园门的样式选择，都是意境空间的精心设置。其次，奇石假山所形成的咫尺山林，不论"一峰则太华千寻，一勺则江湖万里"，还是狮子林的"人道我居城市里，我疑身在万山中"，抑或个园的"春山宜游，夏山宜看，秋山宜登，冬山宜居"，都深藏师法自然的境界，仅通过简单数峰便能模拟出自然山川的奇美。再次，不同形式景观水景的灵活运用，如飞瀑流淙的气势，溪水潺潺的温情，一泓秋水的内涵以及跌水喷泉的跃动，都体现大自然的妙手及设计者的匠心独具。另外，四时花木的缤纷色彩，不管是"春山杏林"还是"曲院风荷"，不论是"菊湖云影"还是"西山晴雪"，都深蕴着自然时空变化的意义。最后，光与影在风景园林中也经常被运用，丰富景观层次的水中倒影，墙上斑驳的树影，檐前、漏窗里的疏影都使意境格外深远，像"金莲映日""三潭印月""雷峰夕照"等不胜枚举。

图 2.8　洛阳市"华夏文明第一河"洛河整治工程示范段夜景照明

如今，风景园林设计中的夜景照明也越来越受到重视和关注。园林空间随着灯光的变化形成不同层次的意境，需要根据风景园林中的建筑勾勒、植物点缀、雕塑强调、水体映衬、山石投射等亮化需求综合考虑灯光设置，注重与周围环境的融合，丰满美学效果，从而渲染气氛、产生意境（图2.8）。

2.2.2　听觉

清风徐来，飞檐上的铜铃"叮当"作响，殿中的佛像依然神态安详；夕阳西下，南屏的晚钟在苍烟暮霭中传来，谁人不迷失在山峦的飘渺空灵中；空山雨后的蛙声，是否唤醒了沉睡多年的童年记忆；夜半的钟声，又惊醒多少在途旅人的酣梦。

由此可见，除了视觉比较直观以外，听觉也在风景园林意境的设计中起着不可替代的作用。声音以自身的强弱、快慢、节奏来传达信息、表达感情。庄子把音乐之美分为三类：天籁、地籁、人籁，认为天籁是最美妙的声音，是"天乐"。风景园林中的声音多为自然声音之"天籁"。风景园林中对声音的运用主要有以下。其一，利用自然界的风雨来创造意境。每当风雨来袭，不论是避暑山庄的"万壑松风"还是拙政园的"听雨轩"，无论是听枫园还是留听阁，都产生美妙的音响效果，形成深邃的联想空间。其二，利用动物鸣叫来展现大自然的生命交响曲。从"蝉噪林逾静，鸟鸣山更幽"到"听取蛙声一片"，从"听鹂馆"到"柳浪闻莺"，无不体现人与自然的和谐相处。其三，利用跌瀑溪流来创造意境。通过激流飞瀑、惊涛拍岸的回响展示生命的气势与鲜活，通过涓涓细流、溪水潺潺来诠释生命的平静与自如。

此外，风景园林中还运用音乐喷泉、激光音乐等高科技形式，配合水景中的跌水、喷泉的起落而产生气势宏大的水的交响，水流随着雾喷的弥漫而缓缓流淌，在听觉与视觉的配合中形成了深远的境界，演绎出令人陶醉的美妙华章（图2.9）。

图2.9　南京市江宁区秦淮河（将军大道—正方大道段）音乐喷泉走廊

2.2.3　嗅觉

嗅觉感受在风景园林设计中也体现自身的魅力，以植物所散发的芳香作为媒介从而达到境界的升华。春风化雨，你是在"杏花村"里品佳酿还是去"梨花坞"看千树万树的胜景？夏日炎炎，你是在怡园里"藕香榭"赏荷还是在"远香堂"里纳凉？秋风送爽，你是在留园里"闻木樨香"还是去"东篱下"采菊？冬雪飘零，你是在沧浪亭的闻妙香室苦读还是拙政园里的"雪香云蔚"赏梅？如此的美景怎能不叫人沉醉其间（图2.10）。不仅如此，在玉兰堂里，除了观赏玉兰，更有桂花香气宜人；而狮子林的双香仙馆也是冬闻腊梅，夏赏荷花，绿荫浓浓，古意盎然。此外，同一植物在花期的不同阶段散发的香气也不同，给人带来不同的观赏感受。

当然，风景园林中不只有植物的"香"，雨中泥土散发的气息，工人修剪植物、除草而弥漫的芬芳，都能刺激人们的嗅觉。随着时代的发展，风景园林设计中除了利用植物的芳香外，还利用了新的科技，例如在跌水喷泉中加入芳香剂以形成新的嗅觉景观。

图2.10　苏州留园闻木樨香轩

2.2.4　触觉

虽然不像视觉、听觉以及嗅觉那么直观，触觉在风景园林设计中的作用也不遑多让。触觉能引导观者深入景观空间亲身体验，这种感觉与经历则进一步升华为情感，从而产生各种意境。其一，自然界的风霜雨雪使得触觉产生的感受和意境更加深远，值得回味。无论是"断桥残雪"还是"待霜亭"都能让人感触到季节时令的变化（图2.11）。其二，触觉的意境还体现在植物上。比如怕痒的紫薇、含羞草，又或粗糙程度不同的树皮，不仅形成视觉上的景观，也在触觉上产生不同的体验。其三，在景观建筑小品以及铺装的选材上，也无处不体现触觉感受形成的观赏差异。大小不一的卵石铺地，光滑或粗糙的铺地贴面，柔软的草坪与硬质铺装的反差，都使观者体验到触觉感受在景观中的意境。

此外，更有人工制造的旱喷、雾喷，以及瀑布溪流带来的水雾触觉效果，也同样使用在风景园林设计中。

图 2.11　南京市江宁区秦淮河（将军大道—正方大道段）雪景

2.3　景观生态学理论的借鉴

随着工业文明的迅猛发展，自然生态系统受到的干扰程度也越来越严重，逐渐超出了其自身调节的能力，生态平衡也随之遭到破坏。在这种背景下，生态规划的理念应运而生。德国著名的地理植物学家 C. 特罗尔于 1939 年提出了景观生态学的概念，随着 1981 年在荷兰举行的"第一届国际景观生态学大会"及 1982 年"国际景观生态学协会"的成立，以及紧随其后的美国景观生态学派的崛起，景观生态性设计思想逐渐成为人类整体生态环境规划的源泉。

景观生态思想的延伸，使得原有的风景园林规划设计理论和实践发生了巨大的变革。在土地利用规划层面，借助于 3S 等新技术的应用，解析景观空间格局的基本模式：斑块—廊道—基质，协调景观内部结构和生态过程，正确处理资源开发与生态保护、经济发展与环境质量的关系，进而改善景观生态系统的整体功能。体现在具体风景园林规划设计中，需要从工程或生态技术角度来维护景观生态系统，在合理开发利用、坚持可持续发展、改善人居环境、恢复自然水系、保护生物多样性等方面发挥决定性的作用（图 2.12）。

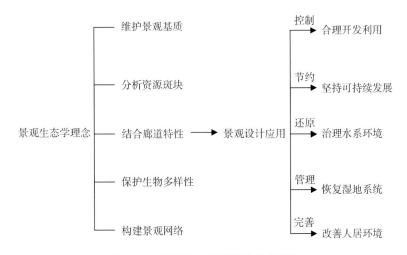

图 2.12　景观生态学理论的借鉴意义

2.3.1 维护景观基质

随着城市化进程的不断加剧，新城区的仓促拓展，道路网络的快速扩张，以及打着各种旗号"美丽乡村""特色小镇"的无序开发，这些建设活动都使得人类自然景观基质遭到不同程度的破坏，造成了边缘效应的失效。在此种情况下，风景园林规划设计必须转变舶来的"征服自然"念头，重新回到我们"适应自然"的轨道上来。

通过对园林空间格局的研究，系统分析人类对自然景观格局干扰的程度和影响的深度，对人类的未来发展提出可持续发展的、生态性的规划原则，把对自然环境的开发利用控制在生态平衡合理的范围内，从而维护自然景观基质。同时，注重边缘效用带来生物群落的丰富性以及生态效益。一方面，在规划城市新区以及高等级道路时，避免大面积地开山破水，采取封山育林育草，让植被得到一定恢复后，再进行植树种草的绿化工作；另一方面，各级政府面对各种"特色小镇"，要认真地讨论研究其可行性，不能一窝蜂地为政绩上项目。确有开发价值的，也不得乱砍滥伐，需因借当地的山水资源、结合利用植物的生长现状进行风景园林规划，以维护本区域山水格局和自然生态的连续性和完整性。

2.3.2 分析资源斑块

人类物质需求的不断扩大使得自然资源难以为继，应系统分析景观资源斑块，对不可再生资源加以保护和节约使用，使之实现可持续发展。

在运用生态性概念进行风景园林设计过程中，需要协调人类在经济、社会与环境等方面的需求，还需控制、节约资源用量，资源的斑块化制约着资源的可利用程度。为了维持资源的可持续性使用，首先要分析场地的各种原有因素，遵循因地制宜的原则进行规划，尽量因借场地原有地形来设计，而不能不顾现状来挖土堆坡，设计必须尊重自然。其次，设计中尽量使用可再生原料制成的材料，并提高使用的效率；有限制地使用高档的材料，以免造成不必要的浪费。同时，应增加废弃的工业土地、废旧材料的改造再利用。再次，在植物的配置上，应该加大乡土植物的使用量，以纠正爱用外来花卉树种、片面追求效果的不良偏好，从而节约资源，降低养护费用。最后，大力推广使用绿色、科技、环保的新产品，改变对不可再生能源的依赖，充分考虑风能、生物能、太阳能等绿色能源在各种项目中的应用。

2.3.3 结合廊道特性

随着工业化的程度不断推进，生态环境越来越恶化，在城市规划中廊道的作用逐渐突显。如今，绿廊、绿道、碧道等廊道建设逐渐成为城市和乡村改善生态环境的重要途径。

生态遭到破坏的环境中，河道都成为了臭水沟，垃圾成堆，污水横流，清澈的河水只停留在记忆中。水环境在城市生态性的规划中占有重要的地位，因为水体不仅具有蓄水、补给地下水等方面杰出的作用，还具有湿润空气、净化环境以及维护生态系统方面的功能。

沿河流分布而不同于周围基质的植被带被称为河流廊道，它包括河流本身，以及河道两侧的滩涂、堤坝以及临近绿带。它控制着水体和矿物养分的流动，作为一些物种的栖息地并为其迁移提供路径，同时直接影响水质。在生态性的规划设计中，首先针对水源被污染的情况，坚决取缔生活污水、生活垃圾、工业废液等的直接排放；摒弃化学药品的使用，让水系通过水生、陆生植物以及微生物之间的相互作用，净化水质，维持生态平衡。其次，要改变以往破坏水系完整性的做法，摒弃河道的硬质驳岸改造，维持水体的自然形状，维护水系两岸的植物生长以防护水土。最后，在河流廊道内，满足蓄水、泄洪等需求；调整廊道周围的地形以有利于迅速排水，并充分考虑如何防止洪水的侵扰问题。

2.3.4　保护生物多样性

人类生存离不开生物多样性，然而对自然的过度开发使得生物多样性正在丧失。单一的物种保护不能形成生物的多样性，为了实现人类环境的可持续发展，必须保护生物多样性。

以湿地生态系统为例，湿地不仅是地球上富有生物多样性的生态系统，还具备其他系统所不具备的功能。首先，湿地可以提供大量的食物来源和丰富的水资源；湿地具有复杂多样的植物群落，为各种动物提供了丰富的食物来源和营养，在维持生态平衡、保持物种多样性和保护珍稀物种资源等方面起到重要作用。其次，湿地是众多野生动物的重要栖息地，是一些珍稀或濒临灭绝的野生动物繁殖、栖息、迁徙、越冬的主要场所。最后，湿地还能净化污染水体、控制土壤侵蚀、蓄水防旱；通过湿地植物吸收分解有害物质来净化水体，同时对水体进行吞吐调节，补充了地下水，调节降水。

2.3.5　构建景观网络

相对于人们对更美好生活环境的向往，原有破碎、凌乱的城市绿地体系逐渐跟不上社会的发展，在不少层面都存在问题。绿地没有形成系统，独立、封闭，一些市民公园被围合、仅售票开放，与城市周边人居环境的联系不紧密，空间布局不合理，功能不完善，配套设施较陈旧，管理僵化。

为了改善人居环境，需要重新调整原有绿地的格局，构建绿地空间结构的廊道网络和斑块网络，完善服务功能，将绿地空间作为沟通人与自然的途径和手段。首先，用开放的绿地来代替封闭的形式，注重利用场地的因素，打破原有的界限、围墙，使得生态化的、开放的绿地公园与临近的建筑、河流、城市街道景观等紧密联系、相互渗透并形成网络，改善原有的城市环境。其次，通过生态性规划手段，进行整体布局，充分发挥城郊绿地廊道网络的特性，缓解城市喧嚣，把大自然的魅力延伸到城市；让大自然做功，调节小气候，以达到生态系统的平衡，在净化空气、防烟吸尘、杀菌降噪、净化土壤方面发挥重要的作用。最后，在设计建设过程中，充分协调空间结构，完善功能布局，改善配套设施，加强管理手段，灵活经营管理；同时根据植物的生物学特征进行生态性造景，例如，对于到近交通主干道区域的绿化配置要以防尘为主，而临近建筑的区域则以降噪为主。

2.4　风景园林中植物的作用

植物绿化造景一直都是风景园林中不可替代的重要部分，园林概念的诞生正是直接源于"园""囿"和"圃""林""苑"等古代帝王游赏、狩猎的场所。某种程度来说，在风景园林中植物绿化比人文、理念、硬质景观更为重要。植物绿化不需要人工的过多干预也能依据自然规律生长、发育，具有形态、色彩、气味等自身特点，并随着时间推移而丰富、完善。

植物绿化能够改善空气质量，调节小气候，改善环境；植物绿化能够营造动态景观，通过形态、色相、季相变化来营造不同的园林空间；植物绿化能够承载人文历史，如诗如画，提高人们艺术审美，满足人的精神追求。优美如画的植物绿化景观，有着重要的生态环保功能，在风景园林中发挥着重要的作用。

2.4.1 植物美的概念

植物绿化是风景园林中自然生命的主要形态之一，种类繁多，千姿百态，色彩斑斓，具有形态美、色彩美、声味美以及象征美等美学意义。

1）形态美

植物绿化首先具有形态美。在人类社会的发展过程中，人们对于美的追求是一致的，但时代不同、国度不同，对于美的观点也不尽相同。纵观古今中外的风景园林发展历史，东西方美的概念有较大差异，西方多以整齐规则的为美，东方多以自然形态为美。西方植物绿化多以对称式种植，如对植、列植，或以修剪的灌木、模纹为主，体现规则美（图2.13）。东方则传承文人造园的"道法自然"审美，植物绿化因借地形，或反映出自然群落、层次，或体现流畅、弯曲起伏的边界和林冠线。有的以花叶形态迷人，有的以枝干姿势取胜，或相互之间进行搭配，不同植物各具风采、千姿百态（图2.14）。

图2.13　法国凡尔赛宫

图2.14　黄山迎客松

2）色彩美

植物绿化具有色彩美。植物的色彩主要体现在花和叶上，植物花朵的颜色有的单纯明亮，有的复合多彩（图2.15）；有的清新素雅，有的浓烈艳丽。花朵颜色带给人的感受，红色象征热情，黄色象征高贵，白色象征纯洁，蓝色象征幽静；红色花朵的有山茶、杜鹃、紫薇、垂丝海棠，黄色花朵的有金桂、迎春、腊梅，白色花朵的有广玉兰、栀子花、含笑，蓝色花朵的有木槿、八仙花、紫荆、二月兰。植物的叶也有色彩美，随着季节的交替、环境的不同而变化，常绿的香樟、桂花、棕榈，随季节变化的银杏、鸡爪槭、落羽杉、金钱松，还有异色叶的红枫、红叶李、洒金桃叶珊瑚。植物果实也有色彩美，橙黄色的枇杷、橘、柚，红色的南天竹、枸骨、石榴、柿子等。不同的花、叶、果实搭配起来，景观中五彩缤纷、千娇百媚。

图2.15　南京梅花山

3）声味美

植物绿化还具有声味美。植物摆动发出的天籁清音，使观赏者在观其形、色的同时兼获听觉享受，令植物美更富有感染力。文人造园着重营造出深远的意境，经常借鉴风声、雨声，形成经典的万壑松风、竹箫声声、雨打芭蕉抑或残荷听雨等意境（图2.16）。气味芬芳是植物得

图2.16　苏州拙政园听雨轩

天独厚的优势，多数植物的花朵都具有令人陶醉的芳香，如春兰、夏荷、秋桂和冬梅，部分植物木质本身也能散发沁人心脾的幽香。

4）象征美

植物绿化更具有象征美。中国传统文化运用植物特征、姿态、色彩给人的不同感受而产生的比拟、联想，将其人格化，赋予了特殊的含义。如莲花"出淤泥而不染"，象征人的高洁情操；松竹梅被称为"岁寒三友"，松——苍劲古雅、不畏严寒，竹——不畏强权、虚心奉献，梅——坚配松柏、劲凌霜雪（图2.17）；梅、兰、竹、菊具有清华其外、不趋炎势的精神，被誉为"花中四君子"；兰花超尘绝俗，菊花傲雪凌霜，桂花"暗淡轻黄体性柔，情疏迹远只香留"；玉兰、海棠、迎春、牡丹和桂花在一起，常象征着"玉堂春富贵"。

图 2.17　宜兴竹海

2.4.2　植物的功能

植物绿化除了具有园林造景的功能以外，还能够净化空气、美化环境、改善小气候，能够围合空间，防止水土流失，净化水体和土壤，防尘降噪，并具有一定的食用、药用价值，能够带来物质经济效益。

1）美化环境

植物绿化具有美化环境功能。植物绿化通过芳草如茵、花团锦簇、五彩缤纷的植物组织表现形式，能够给所处场所环境带来勃勃生机，使人心旷神怡、流连忘返。植物绿化能够以形态、色彩、质地、芳香等特质美化城市环境，提供休憩休闲、遮荫降温的场所。同时植物以特有的自然美和艺术美给人带来视觉、听觉、嗅觉的感观美感，满足人们精神上的需求（图2.18）。

图 2.18　杭州太子湾公园

2）围合空间

植物绿化具有围合空间功能。在风景园林中，植物绿化不仅展现四季不同的美景，还能独立或与建筑、小品、地形和水体等元素配合，创造出丰富多彩的空间。利用植物绿化在垂直面上进行构成或分隔空间，利用植物材料的质地、疏密来形成空间的虚实，利用植物色彩、形态、规格来赋予空间特征；不仅如此，还可通过植物配置的对比与变化、分隔与引导、渗透与沟通，加强空间的联系，进行园林空间属性的界定（图 2.19）。

图 2.19　宝应县花城广场

3）调节气候

植物绿化具有调节气候功能。植物绿化能够净化空气，增加氧气含量，吸收有害气体，滞纳烟灰粉尘，改善空气质量。植物绿化能够调节气温、空气湿度和气流，缓解"热岛"效应。植物绿化还能减少空气中的含菌量，产生负离子，提供健康疗养环境。

4）其他功能

植物绿化还具有其他方面的功能。植物绿化能够防止水土流失，净化水体和土壤，涵养水源，保护生物多样性；植物绿化能够有效防护生态，降低噪声、避震减灾和减少污染；一些植物还具有食用、药用价值，大量种植的苗圃、果园能够带来物质经济效益和旅游观赏效益。

2.4.3 植物绿化的设计原则

1）美学原则

植物绿化首先需要遵循美学原则。植物绿化不同于硬质景观，具有持续变化的特征，通过不同植物种类的搭配，利用其形态、色彩和声味等特点，运用对称、重复、对比、韵律、渐变等配置手法，通过富于变化的层次搭配，采用疏密有间的布局形式，配合不同材质的设计元素，布局合理、满足功能、遵循美学原则，能够营造出随时间推移而不断变化的自然景观。

2）地域原则

植物绿化需遵循地域性原则。不同的地区因地理位置、气候条件以及土壤性质的不同，都有适合该地域生长的植物。植物绿化设计需因地制宜、适地适树，体现地方特色。不能违背自然规律，将不符合地域生长条件的植物大量引种，既浪费资源，又容易破坏生态系统。

3）经济原则

植物绿化需遵循经济性原则。植物绿化不能片面追求短期效果，违背自然发展的规律，为了出效果、出政绩，大面积采用大树和名贵树种，从而造成巨大的浪费。植物绿化应该注重植物的生长周期，尽量少移植壮年的树木，少种不耐寒、不耐踩踏的草坪，不能总是追求"枯木逢春"，古树名木移植成活率较低，会带来较大的经济损失。

4）可持续原则

植物绿化还需遵循可持续原则。植物绿化的疏密程度会影响景观效果和绿地功能的发挥，在设计、施工时要给植物生长预留足够的空间，其成年后大小是植物配置中进行空间效果布局设计的主要依据。同时依据不同植物的生长规律，关注其在长时间内的形态变化，还要注意当时效果与经济性，注重近远期效果相结合，在种类选用上要将速生和慢生树种相结合。

2.4.4 植物绿化的设计特点

植物绿化设计，首先要确定采用哪一种种植方式，规则或自然抑或是两者相结合；然后在此基础上确定基调与辅调树种，配合建筑小品和山水场地进行园林空间的围合与渗透，通过植物绿化配置的韵律与节奏营造风格不同、层次多样的景观效果，最后通过对比与调和来完善整体的风景园林效果。充分使用这些设计手法，从点、线、面和时空角度来分析植物绿化设计，以实现植物绿化立体设计的优良景观效果。

1）点——单元

植物绿化设计首先要注重重要节点的设计。风景园林设计中的重要点状单元所处位置多为人们视线焦点，或是人流交汇处，或是活动中心，因此把这些重要位置的植物绿化设计好能够带动整体的景观效果。此类节点，如入口、转角、中心等，需要考虑观者的角度，从不同侧面协调设计效果（图2.20）。比如，可以采用植物绿化搭配景观置石的形式，利用时花、球状灌木、色叶亚乔或者竹类来围合景石，以形成层次丰富、色彩和谐的景观焦点。

图 2.20　南京市溧水区幸福佳苑小区入口

2）线——廊道

植物绿化设计要注重线状廊道的设计。在解决重要节点植物绿化设计之后，需要注意的是线性廊道景观设计，如道路景观、河道景观、防护林带等带状绿地，这些地带的植物配置不能仅是简单的重复，同样要考量不同植物的形态、色相、季相的变化（图2.21）。带状绿地的宽度通常有 5 m、5～15 m、15～30 m 以及 30 m 以上等，有条件的廊道可根据需求布置园路、场地、微地形等，植物层次必须随着条件的不同而不断地丰富变化，从简单的乔灌搭配到乔灌花草，甚至包括背景林。廊道空间可根据功能需求，增加布置景观节点、建筑小品以及服务配套设施，以形成层次多样、功能完备的景观空间。

图 2.21　南京市雨花路景观

3）面——斑块

植物绿化设计中的块面由点状绿地和线状绿地组成，形成斑块绿地。不同规模的项目由不同的节点和绿带组合，形成风景区、大型公园、综合广场等各类型斑块绿地（图2.22）。各类项目宜根据功能和风格进行组团分隔，如主次入口、主次道路、中心景观、组团（分区）景观、过渡绿地等。景观设计中，植物绿化需要利用植物种类的形态、色相、季相等特点，来营造项目所需的空间景观。在中心景观中，植物绿化多居外围，向中心进行空间围合；在组团景观及道路景观中，植物绿化或分隔空间，或作为背景，或作为中心，或作为过渡。总之，植物绿化要结合建筑、水体、山石等其他景观元素来实现项目的空间营造。

图 2.22　无锡市安镇和泽公园绿地

4）时空——四维空间

植物绿化设计跟硬质场地、建筑小品不同，还应注意到时空上的变化。植物绿化能够随着时间的变化而产生季相变化，产生花、叶、枝干等颜色和姿态形体的变化。不同植物绿化的生长习性和生长规律不尽相同，有的慢、有的快，从幼苗成长到成熟，其形体会发生很大变化，较大程度影响了空间效果，如落叶植物在不同季节，其围合空间的属性也会发生改变（图2.23）。一般说来，规则式种植需要长期持续地维护、修剪，自然式种植要注意其生长空间，设计时其疏密不能仅注重当下的效果，要根据植物的生长规律进行设计，使景观具有可持续性。

图 2.23　无锡市安镇和泽公园植物生长不同阶段景观效果对比图

2.4.5 植物绿化的应用前景

随着社会经济的不断发展，自然生态不同程度地受到破坏，人类赖以生存的自然环境受到挑战，在此背景下，植物绿化的作用显得越来越重要，具有特殊的意义和广阔的应用前景。

2.5 生态性意境空间的营造

风景园林在规划设计时，要抓住场地空间本质，在构建意境场所的过程中运用生态学分析与研究方法，强调人是风景园林的重要组分并在创造意境中起主导作用，同时注重景观生态学与工程设计综合研究，以实现自然环境与社会发展、人文历史的协调统一。为了满足人们精神层面的需求、实现自然环境的可持续发展，需要营造生态性、有意境的景观空间。

在进行具体的风景园林项目设计过程中，必须使用生态性景观元素，运用营造意境的手法组织设计风景园林空间，才能更好地实现风景园林规划设计的目的。

2.5.1 风景园林元素的生态性应用

生态学思想的应用在生态规划层面上协调了风景园林的空间结构、功能及其动态变化，也使风景园林的优化利用和保护得到广泛重视。通过对风景园林的特性分析、判断和评价，总结出最好的利用方案，从而在保护环境的前提下发展生产，合理地处理好生态与生产、资源保护与开发、环境质量与经济发展的辩证关系。

在具体规划设计中，通过协调区域的生产和生态结构，强调对功能区域的具体设计，从风景园林元素和材料的生态性入手，选择理想的利用方式和方向来实践风景园林的生态性思想。

1）建筑的生态性

风景园林中的建筑需要根据设计场所的自然环境，运用生态学原理，配合现代科学技术，有序地组织建筑本身以及与其他景观元素之间的关系，使风景园林建筑与周边环境成为一个有机的统一体，形成真正的"有机建筑"（图 2.24）。在此过程中，首先要实现风景园林建筑场所的生态性，做好与场所内其他景观元素的配合，包括如何利用现状地形进行整体布局，

图 2.24　溧阳市焦尾琴东入口公园建筑方案

如何与植物材料搭配来围合空间，如何设置园路系统达到最优效果，如何将场地雨水回收利用等。其次，要强调风景园林建筑本身的生态性，包括如何更好地采光，如何采用新技术进行保温通风，如何利用绿色能源等。随着社会的发展，新技术不断出现，建筑本身的节能、绿色环保等方面课题也随着生态危机的加剧被大家所重视，与此对应的新技术、新工艺等在景观设计领域也应被大力推广。

风景园林建筑的生态性要求在规划设计中结合场所的自然环境，在节约资源的前提下，采用科技环保材料，依照可持续发展的原理，使人、建筑与自然生态环境之间形成良性循环系统。

2）微地形的处理

风景园林设计中常需要模仿自然的山林水体，但因为空间的限制，不可能大规模地挖土堆山，只能在小范围内进行微地形处理（图2.25）。对于一般的风景园林设计来说，微地形的处理是具有生态意义的。其一，微地形可以在风景园林平面面积不变的情况下，增加竖向的绿地面积，大大地增加绿化量，并形成层次分明的植物绿化景观。其二，微地形可以围合和分隔空间。通过部分场地的下沉与抬升，与周边的环境形成一定的标高差异，配合以其他的景观元素，在视觉上形成丰富的形态变化，进而围合和分隔空间。其三，微地形与植物通过适当形式的搭配，在小范围内可以形成小环境、小气候，有利于阻止粉尘等污染物的扩散、降低噪音，对局部地域空气起到良好的净化作用。其四，微地形处理更有利于地表径流，利于排水，同时对于地下水收集及其重复利用有重要意义。

图2.25　南京市江北新区市民中心

在不同的场所下，微地形的处理形式也不尽相同。比如，大范围疏朗草坪所需的地形与小场景中假山奇石堆土叠山所需地形不仅形态上不同，而且体量也相去甚远；又如，场所自然边界的地形起伏与标志物的基础抬升所需的堆方也因为形成景观的形式不同，而在高低和围合方向上都有着明显的区别。

3）植物的应用

植物元素因其随着时间而生长变化的特性，在风景园林生态性设计中扮演着极为重要的角色（图2.26）。首先，利用植物元素优美的姿态以及不同季节的色相变化，带来令人愉悦的观赏美；配合其他景观元素，形成不同形态的景观空间，为人们提供休闲娱乐的场所。其次，植物元素具有调节微气候的作用。通过植物的光合作用、蒸腾作用，吸收、转化空气中的有害物质，从而达到净化空气、优化环境的目的。最后，植物元素的运用更注重乡土化。现在的一些景观设计常常陷入某种误区，大树移植、外来物种运用成风，殊不知这样往往破坏自然生态，违背自然规律。大树难以移植成活，而外来物种也适应不了当地的气候，造成许多不必要的损失。因此，景观设计中注重乡土树种的选择使用，它们是大自然的自身演变结果。

随着生态概念的推广，植物元素的利用也出现许多不同的形式。一类是从平面向竖向发展，像攀援植物被大量使用，形成"垂直绿化"或者"绿色走廊"；另一类是从室外向室内发展，像架空层内的绿化种植越来越多，而室内的植物配置也越来越受到重视。另外，屋顶花园的美化功能也逐渐被大家所熟知和推广。

图 2.26　南京市扬子江大道景观工程

4）水的循环利用

在风景园林设计中，水景的运用占有重要地位。水景的形式多种多样，有喷泉、瀑布、水池、水幕、溪流、湖面等。我国是个淡水资源严重缺少的国家，因此风景园林中水资源的循环利用就显得尤为重要。首先，要合理地利用水资源。设计中多数水景用水都是直接接自于自来水，造成巨大的浪费；不仅如此，还有将自来水用于灌溉植物、冲洗场地等现象存在。因此，合理利用净水资源已经迫在眉睫。其次，要对雨水、生活废水进行收集处理和再利用。国家大力推行"海绵城市"建设，其中特别强调通过"蓄、渗、滞、净、用、排"，以实现对雨水资源的收集利用。同时，通过对生活废水的收集处理，在达到规定的标准后，可重复地使用在对水质要求略低的场所中，如垃圾场地的冲洗等。最后，设计中要减少硬质场地铺装的面积，将有些不透水地面改换成透水地面，通过雨水的下渗和地表径流、中间径流等形式形成良好的地表水循环系统；并根据情况不定时进行雨洪回灌，人工补给地下水，由此实现对水资源的循环利用（图2.27）。

节约用水，做好水资源的循环利用符合生态性可持续的发展理念。应提倡节约用水、科学用水，风景园林设计中应该坚持在雨水丰沛期尽量收集储蓄雨水，优先利用雨水；雨水匮乏期

图 2.27　溧水区金毕河水环境整治工程

则应减少景观用水，通常可以采取停开喷泉和人工瀑布等做法。

5）材料的再利用

在我国，很多工程项目的规划、设计很大程度上并不取决于设计人员，很具有中国特色。为了某种需求和目的，铺张浪费，追求用最好的材料造最好的景观，可结果是钱花了效果却没有见到，这就与生态性的景观设计思想相违背，对此要坚决持否定态度。在生态性的风景园林设计中，在节省不可再生资源的同时需注意材料的再利用。第一，环保型风景园林材料的使用。不能片面地追求气势、效果，而应该注重风景园林的整体效果与景观材料使用的有机结合，在达到园林效果的前提下，尽可能使用有利于环保生态的景观材料。比如，用透水性较好的透水混凝土代替花岗岩，既能节省费用，又能保证雨水及时下渗而形成良好的地下水循环（图 2.28）。第二，废旧材料的再利用。常用的园林材料一般为就地取材的天然材料，随着社会的发展，材

图 2.28　南京市太平南路改造工程的路面

料的需求也在加大，废物、旧物的重新利用也逐渐受到重视。例如塑木，它是以锯末、木屑、竹屑等等低值生物质纤维为主原料，与塑料合成的一种复合材料。再如利用工业废渣、废料作为原材料，使用新技术、新工艺制造出可利用的煤、矸、石、砖等新材料。

总之，应该坚持运用生态性思想，把好风景园林材料的使用关。不能盲目追求新奇，造成不必要的浪费，同时也要做好生态材料的使用和推广工作。

2.5.2 风景园林意境的营造手法

营造意境需要遵循风景园林艺术的意境创作规律，根据意境创作的内涵表达及其所需氛围，通过运用一定的表现手法，来营造表现自然、人生、命运等富有哲理的多彩景象，使观者感悟和联想到无限的空间、境界，达到艺术与自然的融合，以此感悟生命。

风景园林设计过程中常用的意境营造手法主要有以下几种：园林建筑的布局、自然山水的模仿、植物造景的象征、艺术作品的升华以及对比要素的运用（图2.29）。

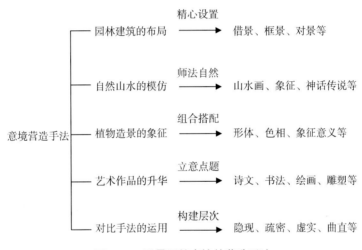

图 2.29 风景园林意境的营造手法

1）园林建筑的布局

风景园林设计中的建筑多为服务性建筑，如茶室餐厅、游客中心、管理门房等，有着休憩功能的如凉亭、门厅、长廊等。风景园林建筑不是孤立存在的，而是有其存在的空间范围，受到同一空间内其他景观元素的影响，同时也对其他景观元素产生影响（图2.30）。

风景园林建筑的规划设计在其布局上与一般建筑有着明显区别。向心的布局是为了在较狭小的地域里形成较完整的私密空间，而离心的布局则更多地被运用到较大规模的园林规划中，用以形成多层次、多深度的景观空间。首先，园林建筑注重与周围景观环境的因借。布局中考虑较多的是怎样利于欣赏周围景色，并想办法把周围景色"借"到自己的景观中来。其次，风景园林建筑通过一定的组合围合空间。其布局不像常规建筑那样讲究对称，也反对"开门见山"的处理方法，比较具有艺术性。常通过透视线引起的"对景"来穿越植物空隙、园门等，以欣赏掩映在山石或者植物后面的主要景点、景物。最后，风景园林建筑本身对空间布局产生影响。个体风景园林建筑依据类型不同具有不同特性和功能，并常通过漏窗、花窗形成"框景"，配以建筑内外的装饰、家具陈设、字画古玩等以及其他景观元素的搭配，形成综合的建筑之美。

图2.30　南京市浦口区老山文园景观工程

2）自然山水的模仿

景观设计中，常常采用山石水体等元素营造意境空间。古人营造风景园林的初衷始于对大自然的模仿，希冀在有限的空间里反映多姿多彩的自然山川（图2.31）；或因为政治理想的不如意、个人抱负得不到施展，从而通过寄情于山水，达到修身养性的目的。在此过程中，文人介入造园，借鉴了中国画和田园诗的长处与特点，赋予风景园林空间以意境。一般说来，风景园林中自然山水意境的表达有以下几种方法：第一，借用中国画的写意手法。这种方法适用于景观用地面积受到较大限制，不可能把自然山水原样照搬，只能像画画一样用抽象写意的方法来塑造山水，从而再现自然山水的风貌。在设计景观元素如水系、园路、回廊、桥梁的时候，随势而变，依形而曲，模仿自然山水格局。第二，附会神话、传说的手法。这种方法适用于景观用地面积较大的设计或主题性设计，如常采用"一池三山"的布局方法，在大面积水域中设置三个面积不等的小岛，分别取名"蓬莱""方丈""瀛洲"，以附会神话传说。同时，以景物、形象为实，通过观者的联想、臆想，融入景物营造的气氛中来产生梦境、

图2.31　南京市江北新区市民中心"老山七十二峰"景观

景观生境共同体的理论与实践

仙境等意境。第三，运用寓意、象征的手法。这种方法适用于孤置石、观赏石的设置，置之于场地的中心或者花园的一隅；为表达某种象征意义，多选用体形优美或者质地优良的观赏石作抽象表达的雕塑。

3）植物造景的象征

利用植物元素来营造意境空间的手段更是丰富多彩。植物材料的种类多，而且色彩斑斓、千姿百态，通过不同形式的搭配能形成不同的景观效果，带给观者以无穷的视觉享受（图2.32）。

植物造景中常用的途径主要有以下：首先，通过植物的形态搭配。有的植物姿态优美，适合孤植，作为观赏主景树；有的植物则需要和其他植物搭配，体现疏密相间的意境，如需要围合空间的就"密不透风"，需要极目远眺的就"疏可行马"。配置中强调远近搭配、疏密对比，形成韵律和节奏。越密则越实，越疏则越虚；内容越丰富则越实，而越开阔则越虚。其次，通过植物的季相变化。植物的叶、花、果会随着自然季节演替而变化，从而形成春天之山花、夏天之荷风、秋天之硕果、冬天之梅香。实际上，自然气候带来的不仅仅是植物开花结果的更替，还有

图2.32 南京市玄武区苜蓿园大街街头绿岛

色相的变化，需要依照美学原理，通过组合搭配充分体现植物在各个时期的最佳观赏效果。最后，通过植物的象征意义。在我国传统文化中，植物常常被赋予人的品格，比如"松、竹、梅"喻为"岁寒三友"，象征君子的高尚情操；牡丹象征着富贵；菊花则不畏风霜等。

不仅于此，风景园林规划设计中景点的命名也常常跟植物有关，比较有名的像"万壑松风""夜雨芭蕉""曲院风荷""柳浪闻莺"等。这些题景，将本来就色香俱佳、形态优美的植物景观赋予了深远的意义，使观者联想起触动心弦的"情"和"意"。借植物景观的象征来表达自己的情趣，是营造意境的重要途径之一。

4）艺术作品的升华

古代文人在造园的过程中起到重要的作用，他们在风景园林的空间布局中借用了山水画的表现和构图外，同时还与其他艺术形式相结合。第一，与典故、诗文的结合。几乎每个景点都有特定的人文意蕴，或用典故，或因诗成景，或因景成诗，其目的都是为了营造园林意境。网师园中的"月到风来亭"，取自韩愈的诗句"晚色将秋至，长风送月来"，值秋夜清风送爽之时，在亭中凭栏欣赏月光波影，岂非惬意之事。拙政园的"与谁同坐轩"，命名自苏轼的"与谁同坐，明月清风我"，端坐于此，如画的美景是否使你思念起远方的亲友？第二，在园林景点中，书法作品以其简约、气韵、刚柔相济之美起到点题作用，装饰铭牌，渲染境界。拙政园的"荷风四面亭"，匾额为"荷风四面"，对联则是"四壁荷花三面柳，半潭秋水一房山"，春柳夏荷，秋水冬山，四季皆宜。狮子林内有座"真趣亭"，匾额"真趣"两字传为乾隆皇帝御笔所书，据说其中还蕴含一段传奇故事。镇江焦山"别峰庵"，匾额为"郑板桥读书处"，对联为"室雅何须大，花香不在多"，表达了身处简朴居室而心志幽雅的情怀。第三，雕塑艺术的运用。我国有园林"置石"的传统，实际上可归为雕塑的一种；另外如"古木交柯"也是一种手法。

西方园林则多以修剪植物和石像人物雕塑作为装饰。

从上不难看出，其他艺术形式在古今中外的风景园林设计中被大量运用。不管是文学艺术，还是书法雕塑，都能比较深刻地表达、表现风景园林的外延，赋予了原本比较写实的景观空间以抽象的联想，以此进行二次创作，达到风景园林设计表现的目的，形成风景园林意境的升华（图2.33）。

图2.33　洛阳市洛河景观塔"朱樱夕照"

5）对比手法的运用

在风景园林设计中常采用对比关系的处理来构成意境。对比的层次有很多，风景园林空间上对比的运用有大与小、高与低、曲与直、远与近等，处理手法上有主与次、隐与现、虚与实、动与静、疏与密等（图2.34）。

这些不同的对比形式在意境设计中都得到广泛应用，本节简要介绍以下几种：第一，隐现相融。对景物的隐藏与显现有较好的把握，一般不使有人"一览无余"的感觉；而是利用景墙、植物等风景园林元素对背后的景点以及空间进行适当隐藏与遮挡，从而层层分割空间，景点掩映其中，而又不能窥其全貌，引起游人的好奇心，不由自主地向前探寻。隐藏与显现的关系有一个度的把握，显现过多则无法引人入胜，无法展现令人遐想的魅力空间；而隐藏过深也会令人错过深远的意境。第二，疏密相间。风景园林呈紧凑型布置，在有限的空间中规划了较多景观内容，让观者感到眼花缭乱、目不暇接；而部分景物、景点则呈分散型布置，使观者眼前比较开阔。如果说前者的布置形式令观者兴奋，后者则显得平静而恬淡。通过这种对比，充分调动观者的情绪，达到休息娱乐的目的。第三，虚实相生。利用实际空间的风景园林元素形成场景以为实景，而由此引申的或是联想的想象空间或景物为虚境。虚境由实景来实现，实景则在虚境的创意基础上设计。虚与实相辅相成，相互渗透，并相互转化。第四，曲直相济。我国造园的理论中有"水必曲，园必隔"的说法，也存在"曲径通幽""曲水流觞"的园林意境。为了在有限的空间中做到景物、景象的丰富，利用曲与直的结合，延长游览和行进的距离；增加游览中的景物构成，达到"步移景异"的效果，大大地扩展了、分隔了风景园林的空间，构成了观者向往的"多方胜境"。

图 2.34　无锡市安镇和泽公园景观空间对比

2.5.3　风景园林空间的组织构建

从密斯·凡·德·罗的巴塞罗那博览会"德国馆"所遵从的"少即是多"，到柯布西耶的"萨伏伊别墅"中底层架空和屋顶花园体现的"新建筑的五个特点"，从弗兰克·L.赖特"流水别墅"所追求的"有机建筑"，再到威廉·麦唐纳、王澍等人追求的"生态建筑"，建筑空间与自然环境从交流到融合的发展过程，无时不在对风景园林空间设计产生深远的影响。

与建筑空间不同的是，风景园林空间的范畴更为广阔，由各类风景园林元素构成，单个元素一般不会独自存在，空间特性与建筑也不相同，多以某种形式组合在一起形成整体空间。通过分析景观空间属性，发现其潜在的规律，比较不同景观的空间格局及其效应，依据其特性来进行组合，从而实现风景园林空间的合理布局（图2.35）。

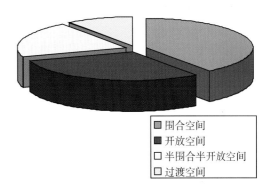

图例：
- ■ 围合空间
- ■ 开放空间
- □ 半围合半开放空间
- □ 过渡空间

图 2.35　风景园林空间的组织形态

1）围合空间

所谓的"围合空间"，是指由风景园林元素作为"墙"或者"边界"来围合而形成的场所。在中国传统建筑中，"庭院"的概念得到广泛的运用。不论是传统园林还是村落民居，都是由院落来组织空间的。通过园林小品、围墙、回廊、曲桥等景观元素在布局上以不同形式搭配，形成相对封闭的空间以供起居游玩之用。然后通过此种围合空间的进一步组合，形成大的建筑组群，进而以此为单位形成中国传统村落。在如今的公园、风景区里经常看到功能分区各异的园区，用密林、绿篱或者地形等景观元素围合空间，形成带有主题性质的各园区。公共景观、居住区里的组团景观也常常表现为围合空间，利用景墙、花架、水幕等为主景，结合地形、植物等形成一个个相对静谧或热闹的围合空间，以满足人民不同的生活需求。

当然，围合空间并不是说是完全密不透风，有的空间虽然显现为围合空间，但用于围合空间的风景园林元素却不是连续的，仅具有某种联系，可能是对称的、均布的或向心的布置方式等。比如常利用装饰性灯柱或者雕塑柱饰，或用大乔木等，通过围合来形成一个比较"虚"的场所，也可以称为围合空间。

2）开放空间

相对于围合空间来说，那些由风景园林元素集中组合构成、没有明显围合性质的场所可以称为开放空间。开放空间中风景园林元素有规律地布置开来，形成一定的空间顺序，但是它们又不具备充当围合空间"墙"的条件，这类场所即所定义的"开放空间"。现代城市中很多大广场便具有这种特性。不管这种场所是规则的还是自然的，是向心布置还是离心布置的，因为没有利用风景园林元素有效地把空间围合起来，即表现为开放空间。通常滨水景观空间也具有这种性质。常规的滨水空间多为单向性的，不具备围合空间的条件，虽然这些园林场所具有很多的园林元素，但其分布比较散，形成开放空间较多。大多数具有公共性质的风景园林场所也可以视为开放空间，这类公共空间具备的景观元素一般呈开放式，虽然小范围内有围合的意思，但是对于整体来说还是属于开放空间。比如大中院校的体育场所、室外演出场地等皆是此类空间。

还有一种情况，就是空间只围合了一部分，另一部分表现为开放的形式，我们把它称为半围合空间或者叫半开放空间。这种性质的空间在各种形式风景园林中得到大量的运用，不管是住宅小区还是城市广场，不管是沿河绿地还是城市公园，都可见到这种类型的空间。如城市街头绿地和街道景观的外侧绿地等都可归入半围合空间。

3）过渡空间

风景园林空间比较复杂，既不能只是围合的，也不能都是开放的，而是由上述这些空间相互衔接协调构成。

为了更好地、更完整地表现风景园林空间，需要把上述的风景园林空间形式联系起来，这种联系空间形式即过渡空间。常见的过渡空间形式很多：第一，围合空间之间的联系，常常采用围墙、园路、回廊、山体等形式。第二，开放空间之间的联系，常采用汀步、铺装、水体、草坪等形式来过渡。第三，围合与开放空间之间的联系，则常采用植物群落、曲桥、台阶、大门等形式。当然，这些空间联系形式的采用并不是一成不变的，而是相互转化，或者说是通用的，在具体处理空间形式时根据实际情况进行调整。

4）空间的组合

风景园林单体空间常常只注意空间本身的比例与尺度、围合或者开放，而多个空间的处理则是以空间的变化、空间的过渡、空间的层次、空间的联结等关系为主。当将诸多的风景园林空间组织在一起的时候，必须注意空间之间的衔接变化，使其具有整体性、特色性、渐变性等，从而营造出层次丰富、意境深远的风景园林空间。

通过一系列单一风景园林空间的营造和联系，实现对整个空间的整合。把各个风景园林空间有效地串联起来，在坚持整体的同时形成性质不同的小空间，给观者以不同的感受。在空间组合中应注意以下要点。首先，空间的变化。只有掌握好多空间相互间的变化，把握其围合与开放、尺度感以及平面的形式，才能营造出多层次的风景园林空间。其次，空间的过渡。通过界限、间隔或者模糊过渡等方式，有效地连接各种空间，在总体布局中起承转合，满足意境的表达。再次，空间的层次。通过单层次空间、多层次空间以及集合空间的连接、排序、组合，使空间布局合理、景观元素多样、空间结构变幻、空间层次丰富、具有各种功能，实现景观意境的营造。最后，空间的联结。通过对空间的有效排列、组合，诸如同种空间的重复以及不同空间的变化等方式，实现意境的营造。

时至今日，风景园林规划设计实践的范围越来越广，这对于引领和锻炼景观设计师来说应该是好事。风景园林规划设计需要遵循自然界发展的规律，坚持可持续发展的策略，强调人类社会资源的节约利用，通过协调人与自然的关系来营造满足人们休闲娱乐需求的风景园林空间。在此过程中，需要充分而合理地利用生态性元素，运用营造美好意境的手法，来组织层次丰富的园林空间，以实现风景园林设计的目的——营造生态性的意境空间，从而使人们能够充分享受由经济发展带来的社会福利（图2.36）。

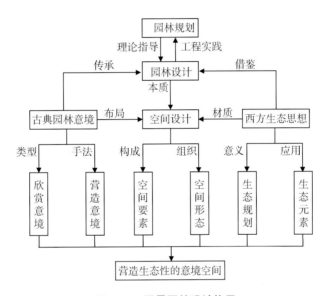

图 2.36　风景园林设计构思

2.6　风景园林设计路线

随着我国社会和经济的加速发展，生态与环保等理念的大力推广，越来越多的社会建设项目被纳入风景园林规划设计中，风景园林设计拥有广阔的前景。

要想真正完全掌握风景园林设计具有一定难度，这是因为，风景园林设计是一门综合性很强的学科，涉及内容复杂，囊括了自然地理、人文历史、生物生态、建筑美学等众多学科知识。要想做好风景园林设计，需要经过不断的系统学习，才能略窥门径。风景园林设计在前期准备、方案设计、深化设计到后期服务这一完整设计步骤中，对场地进行系统分析后，把握好功能的分析、布局的定位、风格的定性、尺度的控制以及材料的选择等要素，这是做好风景园林设计的关键。

2.6.1　前期准备

收到业主的邀请函或者招标函以后，需要进行充分的前期准备工作。先进行项目规划调研，仔细地研究设计任务书或者招标函，搞清业主的设计要求；再认真地勘察设计现场，并进行项目的资料收集。

1）规划调研

通过与业主的接触或对任务书的详细研究，了解项目概况并进行调研。首先，倾听业主要求，详细分析项目的建设规模。弄清楚项目的开发计划以及实施的具体程序，项目建设需要的投资估算等，确定最终的工作范围及内容。其次，查看规划许可，确定项目的园林性质。注意厘清项目的土地使用性质与标准；在本区域内城市绿地规划系统中的定位、所处地段的特征，以及周围地块的开发前景等。

2）现场勘察

详细的现场踏勘是做好方案设计的重要基础。现场勘察的工作内容主要有两个方面：其一是了解项目所处场地的自然状况，包括地形起伏、植物生长情况、气候条件及地质状况等。查看需要保留或拆除的建筑物、构筑物，加以标识，以便将来合理地利用或者避让。其二，了解项目所处场地的环境状况。主要考察城市建筑形式、体量、色彩等，场地附近道路交通的车流、人流方向，项目附近是否有污染源，以及相关能源的可利用情况。

3）资料收集

在规划调研和现场勘察的基础上还应做好资料的收集工作。所需的资料主要包括周边地区或者城市范围内的规划、建设文件或资料，以及带有规划红线的地形图等，同时收集相关电子文档。

2.6.2　场地分析

在进行详尽的前期准备工作后，要针对项目进行场地分析。综合所了解的场地情况来确定入口设置在哪里更有利于交通集散，道路如何组织更有利于引导游览或划分组团，建筑小品设置在哪里更有利于形成园林空间，山石和水体如何才能因势利导并能形成意境，各种植物如何搭配才能达到自然美观，周围是否有名胜古迹、自然资源和人文资源从而形成对景、借景，等。

通过系统的场地分析并抓住场地的特质，结合拟建地可以利用的人文历史，捕捉霎那间的灵感。在满足业主要求的前提下，经过仔细地筛选、比对，提炼设计的主题、理念以及相应的原则。在此过程中，主要应考虑园林所需的功能以及空间布局两方面问题。

2.6.3　功能分析

要做好风景园林设计，首先要分析风景园林的功能。只有满足功能性需求，结合场地分析后才能更有效地设置场地，布置建筑小品、山林水体等景观元素来满足人们的需求。园林景观主要应具有以下功能：休闲娱乐、生态环保、文化展示、旅游度假、经济效益和其他（图2.37）。

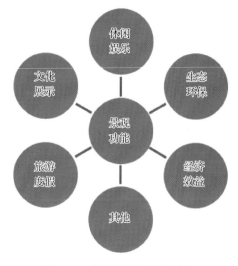

图2.37　风景园林的功能分析

1）休闲娱乐

不论是东方还是西方，风景园林的起源无不是始于生产劳动之余的休憩娱乐。从中国早期帝王的"苑囿"到后来士大夫、贵族的"府第"，其主要功能都是满足人的休闲娱乐需求。时至今日，虽然园林的服务对象发生了改变，但大多数风景园林项目首要的功能也是为人们提供游憩活动的场所。设计师必须根据业主要求或者环境许可来考虑规划场地的各种功能、根据功能来设置场地。不论是开放的空间，还是围合的空间；不管是儿童活动场地，还是老人休憩之所；不论是植物造景，还是配套设施的设置；也不管是掇石叠山，还是挖池理水，园林空间设置必须满足人们的休闲、锻炼、娱乐的需求。针对这些需求，应处理好空间的区域感与私密性，场地的安全性与采光通风，设施器械的舒适度与位置的合理性，植物造景的搭配与生态性，山水景观的自然化与意境效果等。

2）生态环保

随着认知水平的不断提高，人们逐渐不再满足于传统的休闲娱乐场所，对生活、工作、学习等场所的环境提出更高的生态性要求；同时由于生活压力的逐渐增大，对自然、生态的环境有着诸多的向往。这些需求的提出就要求设计师必须重视风景园林的另一个功能——生态环保功能。在设计中必须考虑以下要点：第一，生态的理念。如何更多地利用乡土材料来造景，如何运用植物来防噪滞尘、调节小气候，如何保护土壤环境及生物多样性，如何防止水土流失等。第二，环保的概念。如何节约资源，如何进行废旧材料的重新利用，如何选用环保的设施器械，如何进行雨水收集再利用，如何选择清洁能源照明设备及环保材料等。

3）文化展示

文化展示是体现园林地域性和个性化的关键所在，可以说，风景园林设计的成败就在于如何在风景园林设计中更多地体现出文化特性、产生美的意境，以充分展示景观文化。在风景园林设计中要结合地方民俗、人文历史、乡土植物等因素，寓教于乐、雅俗共赏。具体来说，可以在园林建筑小品形式和内容上采用不同的元素来体现传统情趣或现代风华；在场所设计中设置小品、布置场景来演绎当地的传说或者历史故事；在叠山理水时挖掘可以引申、附会的意义；在植物搭配上更多地考虑视觉和嗅觉感受的搭配带来的意境，或利用名贵花木所象征的意义来表达情操。此外，还可以通过专题性质的雕塑、浮雕墙、景观长廊等形式，来表现或者塑造历史人物或者故事，从而形成具有地方特色的文化景观。

4）旅游度假

承上所述，在营造具有文化景观空间的同时，也表现了地方特色文化，从而在一定程度上打造了风景园林设计的旅游度假功能。在风景园林设计中充分挖掘当地的自然资源和人文资源，注重风土人情和历史文化的研究，为旅游度假功能提供良好的文化资源。在设计过程中，首先要体现园林旅游度假的地域特色，既不能与其他旅游景观雷同，也不能太特立独行、不顾市场的需求。其次，考虑与周围旅游文化背景的对接，准确定位旅游度假的品位与受众。在方便人们旅游休闲的同时，必须考虑周边服务行业能否满足需求。不仅如此，还要考虑景区内部的配套设施，以及如何保证游人的安全。

当然，风景园林设计项目还具有其他多种功能，诸如科普教育、满足经济效益等；也并不是所有景观设计项目都具备上述所有功能，在进行具体项目设计时，须根据实际情况来着重体现或加以取舍。

2.6.4 布局定位

在满足风景园林设计的功能需求以后，需要根据现有场地，结合业主的要求进行方案布局。通过对现场环境的勘察研究，在坚持节约资源理念的前提下，尽量因高就低，减少大面积挖土填方带来的资源浪费；结合周围的交通规划导向、主次入口的设定、建筑群的组合形式、无障碍坡道的设置等具体情况，使园林顺应地形和现状来进行布局。

纵观世界园林的发展历史，不难看出，风景园林的布局形式有以下三种：规则式、自然式、复合式（图2.38）。

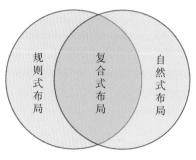

图2.38　风景园林布局形式的关系

1）规则式布局

规则式布局是指采用几何式图案的构图方式进行空间布置。规则式布局一般有比较明显的轴线，通过对称、半对称式或者序列式的布局来形成平面、空间的划分，比如场地、道路、水体的边缘常以直线连接，植物的种植形式也比较规整，常常通过修剪形成图案。世界上采用规则式进行园林布局的有很多，尤其是西方古典园林，从法国古典主义园林到意大利的台地园，再到西亚的伊斯兰园林多属此类。在现代西方的景观设计中将规则式布局运用得好的案例也比比皆是，如彼得·沃克在福特沃斯市设计的伯纳特公园，以及丹·凯利设计的位于达拉斯市联合银行大厦喷泉广场，都是以几何图案形式取胜（图2.39）。此外，我国的皇家园林、寺庙园林也有规则式布局的运用。一般说来，采用何种布局方式大多根据项目的属性来确定，通常在市政广场、商业街区、纪念性公园以及大学校园等园林项目设计中，规则式布局常较多地被运用。

图2.39　福特沃斯市伯纳特公园

（资料来源：王晓俊，西方现代园林设计，东南大学出版社）

2）自然式布局

自然式布局是指根据场地现状采用自然状态形式布局的构图方式。自然式布局没有明显的轴线，也不采用对称的方式；场地的形式不规则，道路多采用流线型，水体也结合地形自然布置；植物的种植形式呈自然状态，多形成群落式，模仿自然的山林。这种自然式的园林布局形式在我国的园林设计中运用较多，尤以江南园林体现得较为突出，由于大量文人参与的古典园林的营造，使其达到了"源于自然，高于自然"的境界。日本园林受我国影响，也属于此列。此外，英国风景式园林也是自然式布局，不过它们更多的是纯粹模仿自然。随着人们向往自然的意愿更加强烈，园林中自然式布局也越来越多地被运用。像 SWA 集团在加州赫基利斯市设计的瑞弗基奥谷地公园，以及墨西哥城市与环境设计事务所（GDU）在墨西哥老工业区设计的泰佐佐莫克公园，都展示了现代城市中的自然风景之美（图 2.40）。通常在中式游园、农家乐度假村、大型风景区规划以及湿地景观等项目中采用自然式布局，能较充分地体现自然景观的特色。

图 2.40　墨西哥老工业区泰佐佐莫克公园

（资料来源：王晓俊，西方现代园林设计，东南大学出版社）

3）复合式布局

实际上，风景园林设计中最多采用的布局形式为复合式。复合式布局是指不仅仅使用单一的布局方式，而是把规则式与自然式这两种布局形式结合起来，形成和谐的整体布局形式。具体说来，复合式布局多为表现以建筑、小品或者场地、水景为中心，形成轴线，邻近区域内采用或局部对称、或较为规则的布局方式，而其他区域则不限于规则或者自然的布局形式。像彼得·沃克等设计的得克萨斯州 IBM 公司索拉纳园区的景观，借助于周围地形环境，将规则式与自然式的布局进行完美结合，表现出艺术性和创新精神（图 2.41）。复合式布局在现代景观设计中应用得比较广泛，如城市公园、现代化住宅小区、街头绿地以及河滨绿地等都常采用。

　　具体项目设计中选择何种布局形式，需要根据场地的性质、设计的主题和理念以及业主的需求来共同决定。此外，在布局设计中还存在一个根据风景园林功能来确定园林分区的问题。在进行园林设计时，已基本确定场地具备哪些功能、布置哪些园林元素，布局过程中必须将这些功能形成系统并在一定范围内布置，形成景观的功能分区。

图 2.41　得克萨斯州 IBM 公司索拉纳园区

（资料来源：王晓俊，西方现代园林设计，东南大学出版社）

2.6.5　风格定性

　　风景园林设计的布局形成以后，风景园林的风格已基本形成，园林风格需要与布局形式、时代特征等相适应和协调。世界园林体系一般划分为欧洲园林、伊斯兰园林和东方园林三大体系，其风格的形成与布局形式有着密切的联系（图 2.42）。近现代以来，风景园林设计的风格受到文化交融、科技发展、生态环保等方面因素的影响，与传统的园林有着一定的差异。在具体的风格设计中要传承、借鉴，进而融合、创新。

1）与布局形式相协调

　　园林设计方案中的布局形式一般蕴含设计的风格，因为风格与形式是分不开的。不过方案中呈现的园林风格仍只是一个基调，并不具体，需要在深化设计中来进一步细化。

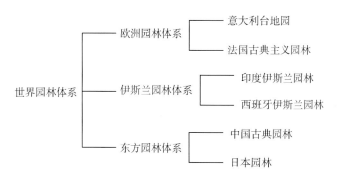

图 2.42　世界园林体系的划分

　　世界各国园林风格的主要特点大多取决于其布局形式，两者是相辅相成的。由于东方园林与西方园林发展过程和对待自然的态度之间的差异，两者在风格上区别是非常明显的，东方园林以"师法自然"为美，西方园林以"改造自然"为美。这种差别体现在布局上，东方主要表现自然美，多采用自然式布局；西方则主要表现人工美，多采用对称式布局。当然，西方也有英国自然风景园林的出现，中国也有追求对称、气势的皇家园林存在。不仅如此，随着 19 世纪中叶安德鲁·杰克逊·唐宁、克利夫兰以及奥姆斯特德等人的不断实践，特别是后者与沃克斯在纽约中央公园的杰出表现，使得风景园林设计逐渐摆脱西方对称构图和几何图案的影响，形成新的融合，东西方对待自然的态度已日趋一致（图 2.43）。需要特别注意的是，风格定性必须与总体方案布局形式协调统一，场地的形式、建筑小品的样式、雕塑的造型以及植物的种植形式都要与整体的方案布局相协调。

图 2.43　纽约中央公园

（资料来源：王向荣 林箐，西方现代景观设计的理论与实践，中国建筑工业出版社）

2）与时代特征相协调

园林的风格还要与时代特征相协调。现代园林设计随着时代的发展、社会的进步，其内涵和外延也越来越大，越来越体现出时代特征。

传统园林是经过历史的沉淀而形成的，从最初的苑、囿，经过建筑、文化、哲学等各方面的淬炼、融合，最终形成完整体系，至今仍然有值得学习、借鉴的地方。现代景观的发展在奥姆斯特德之后，受到了达达主义、构成主义等现代艺术思潮的影响，其中弗莱切·斯蒂尔极大地推动了景观的现代主义。其后的"哈佛革命"以及托马斯·丘奇的"加州花园"在新的时代下不断地冲击原有的理论，麦克哈格的《设计结合自然》明确提出生态景观设计的思路，理查德·哈格更是在西雅图煤气厂改造中成功地运用了可持续发展的理念。随着新时代科技的发展、技术的革新，新材料、新工艺不断涌现，用以替代或者结合原有材料，形成新的景观。无论是彼得·沃克倡导的"极简主义"，还是玛莎·施瓦茨的"后现代主义"，以及哈格里夫斯的大地艺术，无不体现着时代特征对风景园林设计风格的影响。体现在具体项目中，要运用各种具有时代特征的园林元素来体现风景园林设计的主题、理念，较多地运用新技术、新工艺、新材料来体现新的"景观"。

2.6.6 尺度控制

风景园林的风格确定以后，设计已基本形成，但总体上还是比较粗犷、不具体的。为了更进一步深化设计，必须进行尺度的控制，因为方案虽然已考虑了功能、布局与风格等因素，但是并没有把这些问题具体通过量化的方式来确定，场地的大小、水池的深浅、土坡的缓急、假山的高低、小品的体量等都没有细化。要解决这些问题，必须要控制这些元素的尺度，通过协调尺度与比例的关系来进行具体设计（表2.1）。

1）尺度

尺度在风景园林设计中一般是指要素在一定空间范围中所占的比重，是物体与空间其他元素的体量对比，也是物体与作为观者人的体量对比。风景园林设计中常见的尺度，一种是空间尺度，一种是人体尺度。第一，空间尺度。在布局中作为营造意境空间的重要标尺，空间尺度的合适与否将对景观感受起到决定性的作用。是创造恢弘的气势还是营造轻松的氛围，是体现环境的严肃性还是私密性，都取决于此。具体设计中我们需要根据设计的主题、理念来确定空间尺度。第二，人体尺度。作为使用者，观者将直接感受具体化的设计。不论是建筑小品还是山石水体，都由观者来欣赏，这些具体的风景园林元素除了特殊要求的夸张外，必须适应人体尺度。

2）比例

风景园林中的比例多指要素本身各组成部分之间的相对关系。一般说来主要是形体上的比率关系，有时也包括其他层面上的，比如色彩、质感及其他。本文仅讨论形体和色彩。第一，形体的比例。风景园林元素的形体比例可以从视觉直接认识，物体形体上的局部与局部、局部与整体之间的比率处理得当，则体现出形态的美感，如"黄金分割"或者"级数比例"等。第二，色彩的比例。风景园林的色彩比例处理不当，容易造成新旧杂陈、视觉紊乱的现象，既要避免沉闷压抑，又要防止陷于轻浮，更不能形成"色彩污染"。色彩的选择应与周围环境相协调，符合地域性以及文化性；同时应通过控制不同色彩的对比以及调和之间的比例，来表现风景园林设计的特色。

表 2.1 风景园林设计中的尺度与比例

	对象	种类	具体尺寸	对比	影响因素
尺度	园林空间	空间尺度	有	与场所或其他元素	观者感觉
		人体尺度			
比例	园林元素	形体比例	无	与自身各部分之间	材料质地
		色彩比例			

2.6.7 材料选择

为了更好地体现风景园林设计效果，风景园林元素材料的选用是不可忽略的。随着社会科技的发展，风景园林材料的种类也在不断地丰富，选择的余地越来越多。需要注意的是，应坚持就地取材，优先选用当地的材料，既能体现地方特色又能节约资源。园林材料一般分为分为硬质材料和软质材料两类（图 2.44）。

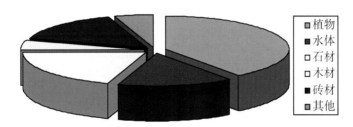

图 2.44 风景园林设计中的各种材料

1）硬质材料

硬质材料一般指用于铺地或者贴面的风景园林材料，除了传统材料外，也包括一些新型的复合、聚合材料，具体可以分为以下几类。第一，石材。主要包括自然石材和人造石材，自然石材又分为花岗岩、大理石以及板岩等，人造石材的颜色更丰富，纹理的变化也相对较多，可以选用一种或者数种，相互搭配以形成或和谐、或反差的不同效果。第二，木材。木材容易给人以一种亲近感，可用作铺地或作为亭廊、栏杆建造材料等。随着各种防腐木的先进处理技术及其推广运用，木材的景观效果更为凸显。第三，砖材。采用不同的工艺烧制成的各种砖材各具特色，有的色彩丰富，有的能够废物利用，有的则透水性好，在强调环境生态保护的今天得到大力推广。第四，其他。作为铺地或贴面的硬质材料还有很多，比如彩色混凝土、沥青、瓷砖、马赛克等，还有塑木等新兴工艺材料的出现，给园林景观带来不同的效果。

2）软质材料

软质材料则主要是指植物材料，水体也应属此列。植物材料的种类繁多，色彩斑斓，千姿百态，为创造层次丰富的园林效果带来便利。有的姿态优美适合孤植，有的通过对植、丛植、群植，体现形态各异的群体之美。利用植物的季相、色相变化，通过搭配组合来实现在各个时期的最佳观赏效果。关于水体的设置，无论在传统园林中还是在现代景观里，水体都有着不可替代的作用。这是因为：第一，水本身无形，形式千变万化，富有"灵性"；第二，人们对水都有一种亲近感，水体对硬质景观是一种柔化。而且，水景的形式也多种多样，有喷泉、瀑布、水池、水幕、溪流、湖面等，可以根据景观主题、理念有针对性地进行设置，来满足人们不同的欣赏、娱乐需求。

3）工艺的重要性

在选择材料的同时，还必须注意到施工工艺对风景园林效果的影响。园林造景中涉及的工艺主要有两个方面：一方面，土建工艺。刚铺设的高档花岗岩很快就断裂，木地板的拼接缝隙不一，马赛克贴得横七竖八等，这些现象除了外力影响以外，铺设的工艺较差是主要原因。因此要保证景观的最终效果，施工工艺的水平亟需提高。另一方面，植物种植。植物造景对于现代景观非常重要，为了达到围合空间、营造意境的目的，必须做到根据植物的生长规律来种植、移植，并提高大树移植的成活率，注意灌木的定期修剪以及草坪的日常养护等。

2.6.8 后期服务

深化设计之后，纸面上的设计已经完成，可以向业主提交图纸。不过，至此设计还没有结束，因为接下来还必须进行场地上的"设计"，也就是后期服务。具体说来后期服务包括两部分内容：设计调整和施工配合。

1）设计调整

经过认真勘察、详尽的沟通和缜密的设计，仍然可能有些情况在设计考虑之外，这就要求结合施工对设计进行调整。针对诸如未经探明的地质状况，或者是城市规划的局部调整等，都必须尽快地调整设计，在得到业主认可后及时变更。当然，如果影响设计因素较多，或者对原有设计改动较大甚至有推翻原设计的情况出现，这时就需要与业主协商解决。

2）施工配合

在项目进行施工的过程中，设计师必须经常到施工现场进行技术指导，针对施工过程中产生的一些问题与业主、施工方协调解决。比如影响美观的管线须进行地下埋设，构筑物需尽量遮挡、美化，发现不规范、不达标的地方，要提出整改意见等。另外，来到现场还有助于设计师及时发现问题。图纸和现实空间是有差距的，必须经过现场实践、对比，才能不断提升设计施工效果。

风景园林设计涉及学科众多、跨行业门类广泛，能真正融会贯通并掌握很难，非下苦功不可。经过系统的前期准备、场地分析、功能分析，并按体现景观主题、理念的形式进行规划布局，形成风景园林设计的方案；在深化设计过程中，注重设计方案的调整、细化以及后期服务等步骤，从而形成合理、系统的风景园林设计分析方法（图 2.45）。

2.7 风景园林行业的局限性

风景园林在改革开放以来，特别是取得独立学科的地位后，得到了一定程度的发展。随着 21 世纪前后国外的生态学思想以及相关理论的传入，风景园林也受到一定程度的激发和促进，并随着国家经济的好转得到快速发展。然而，就其行业总体发展来说，风景园林行业还是有着其历史局限性。

风景园林在其发展过程中，因为受到不同历史阶段的国家政策、社会发展、历史事件、经济条件等的各种影响，还存在很多不足。主要表现在学科很长时间得不到重视，行业地位比较低，项目实施过程中容易受到干扰，行业发展受到时代、社会、经济发展的制约，并没能完全发挥出应有的作用，这些问题亟需风景园林从业者去思考、解决。

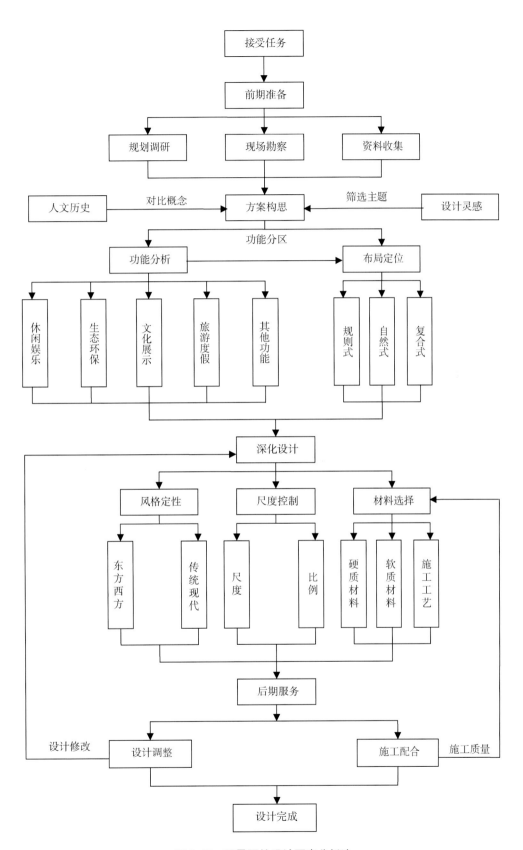

图 2.45　风景园林设计要素分析法

2.7.1 学科的局限性

风景园林学科取得独立学科的地位以来，随着国家经济快速发展，学科内涵和外延不断得到拓展，逐渐涉及国计民生的方方面面，各行各业都需要风景园林来提升住区品质、美化环境。风景园林项目所涉及的专业也较多，包括建筑、给排水、道路、生态、电气甚至艺术等，不再是过去那种简单的园林绿化了。如此一来，传统风景园林学科的专业知识，已经很难满足各类项目的实际需求。

如今的风景园林项目都是涉及专业广、高度复合型的，这些项目大多以规划、风景园林作为先导或理论体系，配合以建筑、道桥、给排水、水利、旅游等专业方向，具有高度复合的复杂特征，不同程度地涉及了国家政策、区域经济、地方发展、相关规划等，并包含了历史保护、人文发展、公共服务、基础设施、精神文明建设等相关内容。风景园林项目大多要将多个领域、多个专业的内容相糅合，这无疑具有相当难度，同时也是对风景园林学科自身实力的一种挑战。

2.7.2 行业的局限性

进入 21 世纪以来，发展严重延迟的风景园林行业随着国家经济快速发展得到补偿，逐渐振兴起来，但是因为历史上缺课太多，一时难以补齐，行业发展中还存在许多问题。

首先，风景园林业务范围广泛，从业基础较低，也因此加大了行业的竞争。其次，由于历史的原因风景园林缺少像建筑、市政这些行业一样的行业标准，往往是领导的意见决定着项目的成功与否。再次，在项目中多属于配套地位。风景园林不是直接关乎国计民生的，多是锦上添花，而且方案结果容易受到个人审美的影响。最后，因为历史的原因，风景园林专业的设置也时有时无，其行政管辖部门也比较混乱，上级部门有园林局、规划局、市政公用局、建设局等，甚至林业局都管理过，这导致专业评价不一致，带来很多问题。比如一般情况下园林局没有建设权，建设局进行具体建设，但规划方案却不是他们来操作的，诸如此类，情况较为复杂。不像水利、交通等其他行业，主管部门相对较为清晰。

2.7.3 时代的局限性

风景园林的发展还受到时代的制约。传统风景园林在古典时期传承有序，源远流长，焕发出灿烂的光芒。然而近现代以来，因为国家遭受各种磨难，风景园林也不可避免地受到较大影响。新中国成立以来，百废待兴，风景园林也慢慢得到恢复；不过在错误地破除传统文化过程中也深受其害，特别是"重工不重文"的年代，行业地位更是一落千丈，完全变成配套角色。

"十八大"以来，党中央多次强调"绿水青山就是金山银山"的发展理念，这标志着生态文明时代的来临。人们对园林、绿化、景观、自然环境等方面的追求越来越高，这使得风景园林行业前景一片广阔。在"海绵城市""城市双修""公园城市"等新的理念指引下，风景园林市场逐渐活跃起来。同时，"黑臭水体"治理、"美丽乡村""特色小镇"建设等大量涉及景观、园林、绿化项目出现，使得风景园林市场一片欣欣向荣；不仅如此，项目的规模以及运作方式也在变化，传统的小型景观绿化项目变少，较多项目采用 EPC、PPP 等模式。

"十九大"以来，我国社会主要矛盾已经转化为人民日益增长的美好生活需要和不平衡不充分的发展之间的矛盾，这也为风景园林行业带来了新的发展契机。原有的风景园林已经不能完全适应新时代景观行业发展需求，需要系统思考风景园林行业如何发挥更大的作用。

3 新时代景观行业发展

改革开放以来城镇化进程快速发展。随着新时代的来临，我国风景园林行业进入了一个层次更高的发展新时期。园林景观行业建设已远远不止于单纯的绿化美化，也不再是滞后补空的"绿色补丁"。新时代的"景观"范畴不断拓展、扩大，其作为支撑人居环境必不可少的"绿色基础设施"的概念已得到普遍的认同。

既往的风景园林规划设计模式，在新时代面临着顶层设计缺失的困境，必须放眼行业流变，系统地对新时期景观行业的发展背景及价值进行解析，追根溯源，统揽全局，思考行业之未来。

3.1 新时代发展阶段

党的"十九大"报告提出了中国发展新的历史方位——中国特色社会主义进入了新时代。这是一个重大论断，是以马克思主义时代观为理论指导，以党的"十八大"以来全方位的、开创性的成就，和深层次、根本性变革为现实根据，实现了马克思主义同中国实际相结合的历史性飞跃。深刻认识这一重大论断的科学性，对于准确把握当代中国的历史方位，以坚定自信的姿态开启新时代中国特色社会主义建设的伟大征程，具有重要意义。进入新时代，是从党和国家事业发展的全局视野、从改革开放 40 多年历程和十八大以来取得的历史性成就和历史性变革的方位上，所作出的科学判断。这个新时代，是承前启后、继往开来、在新的历史条件下继续夺取中国特色社会主义伟大胜利的时代。

2021 年 3 月 12 日，国家发布了《中华人民共和国国民经济和社会发展第十四个五年规划和 2035 远景目标纲要》（简称《纲要》），为今后一个时期的国家经济社会发展指明了方向。《纲要》指出，必须坚定不移贯彻创新、协调、绿色、开发、共享的新发展理念，以推动高质量发展为主题，以改革创新为基本动力，以满足人民日益增长的美好生活需要为根本目的，加快构建新发展格局。

在关于生态文明建设方面，《纲要》提出许多具体要求。坚持农业农村优先发展，全面推进乡村振兴；完善新型城镇化战略，提升城镇化发展质量；统筹城市规划建设管理，实施城市更新行动；优化区域经济布局，促进区域协调发展；推动绿色发展，促进人与自然和谐共生。

3.1.1 乡村振兴

《纲要》要求，全面推进乡村振兴，严守耕地红线，遏制耕地的"非农化"；推进农业绿色转型，加强产地环境保护治理；建设现代农业产业园区和农业现代化示范区；发展壮大休闲农业、乡村旅游、民宿经济等特色产业；统筹县域城镇和村庄规划建设，科学编制县域村庄布局规划，优化生产生活生态空间，持续改善村容村貌和人居环境，建设美丽宜居乡村；以县域为基本单元推进城乡融合发展，健全城乡基础设施统一规划、统一建设、统一管护机制；开展农村人居环境整治提升行动。

园林景观行业在助力乡村振兴过程中，要系统分析项目的地域性特点，提出针对性的措施，形成差异化的发展思路，不能一刀切。要通盘考虑土地利用、产业发展、民居点建设、人居环境整治、生态保护、防灾减灾和历史文化传承等方面因素；加强保护传统村落、民族村寨和乡村风貌；优化布局乡村生活空间，严格保护农业生产空间和乡村生态空间；积极推动市政公用设施向郊区乡村和规模较大的中心镇延伸，完善水、路等基础设施；大力推进农村水系综合整治，解决乡村黑臭水体和垃圾围村等环境问题，开展村庄清洁和绿化行动。

3.1.2 新型城镇化

《纲要》指出，构建以人为核心的新型城镇化，要以城市群、都市圈为依托，促进大中小城市和小城镇协调联动、特色化发展，完善城镇化空间布局；要建立健全城市群一体化协调发展机制和成本共担、利益共享机制，统筹推进基础设施协调布局、产业分工协作、公共服务共享、生态共建环境共治；鼓励区域内建立统一的规划委员会，实现规划统一编制、统一实施；支持基础较好的县城建设，有序推动符合条件的县和镇区常住人口20万以上的特大镇设市；按照资源环境承载力合理确定城市规模和空间结构，统筹安排城市建设、产业发展、生态涵养、基础设施和公共服务；建设宜居、创新、智慧、绿色、人文、韧性城市。

园林景观行业要积极参与新型城镇化建设，进一步优化城市群内部空间结构，构筑生态和安全屏障；支持转变城市开发建设方式，促进高质量、可持续发展；推进产城融合，完善郊区新城功能，实现多中心、组团式发展；按照区位条件、资源禀赋和发展基础，因地制宜发展小城镇，促进特色小镇规范健康发展；统筹地上地下空间利用，增加绿化节点和公共开敞空间；科学规划布局城市绿环、绿廊、绿楔、绿道，推进生态修复和功能完善工程。

3.1.3 城市更新

《纲要》要求，加快城市发展方式，统筹城市规划建设管理，实施城市更新行动，推动城市空间结构优化和品质提升；统筹兼顾经济、生活、生态、安全等多元要素，有序疏解中心城区一般性制造业、区域性物流基地、专业市场等功能和设施，以及过度集中的医疗和高等教育等公共服务资源，合理降低人口密度；推行城市设计和风貌管控，落实适用、经济、绿色、美观的新时期建筑方针；加快推进城市更新，改造提升老旧小区、老旧厂区、老旧街区和城中村等存量片区功能，推进老旧楼宇改造，积极扩建新建停车场、充电桩；保护和延续城市文脉，杜绝大拆大建，让城市留下记忆，让居民记住乡愁。

城市更新行动中园林景观行业大有可为，要积极推进城市生态修复、功能完善工程，打造高品质城市客厅和高颜值背街小巷，增加布局一批特色惠民公共空间，形成可持续的更新改造实践路径。强化城市科学化、精细化、智慧化、人性化、长效化管理，提高城市治理效率。助力建筑设计和城市设计，充分利用城市园林绿地和公共空间，建设更多"小而美"的精品建筑和怡人景观。传承城市历史文脉，培育塑造现代城市精神，进一步凝聚发展共识、增强创新活力，提高居民认同感和归属感。

3.1.4　区域协调发展

《纲要》还指出，在新时代要坚持新发展理念，深入实施区域协调发展战略，构建高质量发展的国土空间支撑体系；必须立足资源环境承载力，发挥各地区比较优势，推动形成主体功能明显、优势互补、高质量发展的国土空间开发保护新格局；逐步形成城市化地区、农产品主产区、生态功能区三大空间格局；推动区域重大战略取得新的突破性进展，促进区域间融合互动、融通互补；建立健全区域战略统筹、市场一体化发展、区域合作互助、区际利益补偿等机制，更好促进发达地区和欠发达地区共同发展。

园林景观行业在此过程中积极参与，坚持生态优先、绿色发展，共抓大保护、不搞大开发，协同推动生态环境保护，打造人与自然和谐共生的美丽中国样板；持续推进生态环境突出问题整改，深入开展绿色发展示范，构建绿色产业体系；积极推进生态环境共保联治，推进能源资源一体化开发利用；加大生态资源保护力度，培育发展生态旅游等。积极践行新发展理念，抓住时机，实现人与自然和谐共生。

3.1.5　公园城市

2022年2月，国务院批复同意成都建设践行新发展理念的公园城市示范区，并提出示范区建设要打造山水人城和谐相融的公园城市。批复要求，加快构建新发展格局，坚持以人民为中心；统筹发展与安全，将绿水青山就是金山银山理念贯穿城市发展全过程，充分彰显生态价值，推动生态文明建设与经济社会发展相得益彰，促进城市风貌与公园形态交织相融，着力厚植绿色生态本底、塑造公园城市优美形态，着力创造宜居美好生活、增进公园城市民生福祉，着力营造宜业优良环境、激发公园城市经济活力，着力健全现代治理体系、增强公园城市治理效能，实现高质量发展、高品质生活、高效能治理相结合，打造山水人城和谐相融的公园城市。

园林景观行业应积极参与公园城市建设，构建未来城市新形态，以主体功能区和产业功能区优化国土空间布局，构建底线约束、弹性适应、紧凑集约的空间体系。积极研究区域协作新方式，围绕规划协调、政策协同、功能共享、市场一体开展区域协同创新。积极创新绿色发展新模式，坚持以全域增绿拓展生态容量，以景区化、景观化、可进入、可参与创新生态价值转化路径，打造可阅读、可感知、可消费的公园城市生态产品和消费场景，构建生态优越、绿色低碳、环境友好的美好生活供给体系。积极参与探索社会治理新格局，建立社会协同、群众参与、共建共享的城市建设制度化渠道。

3.2　景观行业的发展解析

2021年7月1日，习近平总书记在庆祝中国共产党成立一百周年大会上强调："新的征程上，我们必须坚持党的基本理论、基本路线、基本方略，统筹推进'五位一体'总体布局、协调推进'四个全面'战略布局，全面深化改革开放，立足新发展阶段，完整、准确、全面贯彻新发展理念，构建新发展格局，推动高质量发展，推进科技自立自强，保证人民当家作主，坚持依法治国，坚持社会主义核心价值体系，坚持在发展中保障和改善民生，坚持人与自然和谐共生，协同推进人民富裕、国家强盛、中国美丽。"

社会经济与政策背景的转变一方面助力景观行业拓展，另一方面对景观行业提出了更高层次的要求。景观作为国土空间内容的重要组成部分，体现风景环境和城乡人居的和谐统一。当代景观行业的意义已远远不止于单纯的绿化美化，而是寻求人与自然的和谐关系，具有更加广博的范畴与实践。景观行业作为改善城乡人居环境的主要支撑，是高质量发展的有力抓手，是生态文明建设的重要组成部分，是人与自然和谐共生的价值体现。

3.2.1 高质量发展的时代需求

1）高质量发展阶段

人类社会的高速发展使得自然环境需要最大化、最快速、最直接地响应人的需求，造成不可逆的资源损耗与生境破坏，约束着健康可持续发展的脚步。十九大报告指出："我国经济已由高速增长阶段转向高质量发展阶段，正处在转变发展方式、优化经济结构、转换增长动力的攻关期。"

高质量发展是贯彻新发展理念的根本体现，党的十八大以来，以习近平同志为核心的党中央直面我国经济发展的深层次矛盾和问题，提出创新、协调、绿色、开放、共享的新发展理念。经济基础决定了建设实践活动的物质条件，从高速度向高质量的转变是时代发展带来的高阶标准需求。高质量发展使绿色发展成为发展的普遍形态。推动高质量发展，就是能够很好满足人民日益增长的美好生活需要的发展，是体现新发展理念的发展，是创新成为第一动力、协调成为内生特点、绿色成为普遍形态、开放成为必由之路、共享成为根本目的的发展。

2）景观行业的高质量发展

"推进绿色发展，建设美丽中国"是实现高质量发展的重要一环。传统的经济发展模式，优先考虑GDP的数据，而将生态环境的容量以及自然资源的承载力放到从属地位，尽管创造了经济奇迹，但也因此造成了生态环境更加脆弱、各种污染越发严重、自然灾害频繁发生的情况，这些现象证明原有的发展模式已经落后，不能适应新时代的发展，必须推动绿色发展。

景观行业以自然及人工环境作为研究及工作对象，包含生态、空间、功能、文化等诸多层面，在山水树石之间，寻求人与自然的和谐关系，实现功能与效益的统一，在生态文明建设发展中的实践广泛，为新时代的城乡建设发展添砖加瓦，责任重大。新时期的景观行业在社会建设活动中的重要性更加凸显，针对高质量发展的要求，必须将景观行业与绿色发展深度结合起来，在生态环境的保护开发与利用修复过程中，实现人与自然和谐发展，不断助力美丽中国的建设，积极响应时代的发展需求。

景观行业的高质量发展体现在微观层面，要注重城乡基础设施建设与生态环境的开发利用、修复保护之间的关系，企业需要提供高端产品（优质建设工程）和服务质量，需要科学的设计理念与方法作为指导。高质量发展体现在中观层面，要注重区域协调发展，处理好不同城乡空间格局之间的关系，坚持推进中华优秀传统文化的创造性转化与创新性发展。行业规模化带来大量优良实践，产业多元效益，需要追求整体效益的最大化，实现整体的最优与协同发展。高质量发展体现在宏观层面，要统筹国土空间规划，处理好"三区三线"之间的关系，协调好经济发展与绿色生态环境保护之间的关系，行业实践产生区域效益，区域性的景观联系广泛，需要规划统筹作为上层引领。因此，高质量可持续发展需要系统性设计实践体系作为保障，统领各个层面，从而实现全维度的可持续发展，惠及全民大众（图3.1）。

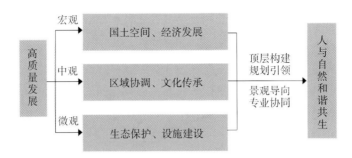

图 3.1　生态文明时代景观行业的高质量发展

3.2.2　生态文明理论的推进实施

1）生态文明理论

现阶段我国经济利益与环境利益的矛盾决定生态文明建设的主要任务和未来发展。特别是自"十八大"以来，中央进一步强调"绿水青山就是金山银山"的新发展理念，揭示了保护生态环境就是保护生产力、改善生态环境就是发展生产力的道理，深刻表达了经济利益与环境利益具有协调一致性的理论内涵。良好生态环境是经济健康可持续发展的根基，促进生态农业、生态工业和生态旅游等发展，是提高人们生活质量的基本保障。随着"美丽乡村""海绵城市""城市双修""山水林田湖草一体化"以及"国土空间规划"等生态理念的提出，生态文明建设战略坚实推进。

生态文明理论体系的完善，为新时代国家经济社会的高质量发展提供了重要的理论依据和支撑。面对纷繁复杂的生态环境问题，必须系统思考，统筹兼顾，认真分析问题的根源，找到行之有效的整体方案，不能解决一个问题又产生一个问题。只有系统地解决影响生态环境的根本问题，才能实现自然环境和城乡人居的和谐统一（图3.2）。

图 3.2　生态文明建设相关思想方法梳理

2）生态文明理论在景观行业拓展

随着生态文明理论的不断完善，生态文明建设也涉及越来越多的领域，在此过程中景观行业的内涵与外延也在不断拓展，行业实践遍布祖国大地。从"自然的风景"——海洋、湿地、森林、草原、山林……，到"人工的环境"——城市、村镇、农田……，景观行业涉及的范畴越来越广泛，其研究对象彼此关联，促进人类社会的发展。作为景观主体的人也与环境发生着复杂的互动，共同构成了复合的巨系统。

生态文明时代的景观规划设计实践体系是解决城乡人居环境问题的有效途径，注重生态环境保护、修复与开发、利用，在发展中保护、在保护中发展。以景观系统性思维为总领，构建景观生境共同体，能够实现经济社会发展与生态环境保护协同共建。因此，景观行业不再仅仅局限于对象本身的物质形态营造，需要更多地关注生态过程以及人地关系的和谐统一。

3.2.3 "人与自然和谐共生"的思维导向

1）传统风景园林的"天人合一"

中国传统风景园林以"天人合一"作为世界观，强调以系统的观念认识环境，遵循自然规律，合理利用自然条件，而不是单单凭人的主观愿望强行改变自然环境。全面认知、统筹环境及要素，顺应自然之力，达到人境协调的目标。

然而，过去风景园林行业的设计模式偏重于空间形态的构建，而对于整体及组分的联系与内生关系的关注不足。将过多精力花在空间平面构图以及造型上，一味想以"奇""怪"取胜，往往忽略了功能与空间、材料与空间、意境与空间之间的关系，以偏概全；或者对于某些主题过于强调，对其他组成部分又过于忽视，厚此薄彼。这些处理方法，都无法从整体性出发形成和谐统一的"天人合一"境界。

2）"人与自然和谐共生"体现在景观建设中

高质量发展的转变与生态文明建设的相关思想，都体现出自上而下的系统化导向。整体是构成事物相关组分及其关系的总和，不单单是孤立的组分相加。通常情况下，局部优化并不能产生整体效果，整体最优可能是局部次优的结果。以系统化的思维为引领，认知事物发展规律，注重整体、过程与联系，才能实现健康可持续的发展。

当代的景观行业需更多地以"景观思维"，即马克思主义系统性思维，综合考虑实践活动的各个环节，不突显个体的作用。在尊重自然环境发展规律的同时，因地制宜地对环境加以利用，以景观系统性思维为导向，统筹生态、空间、功能、文化多个层面目标，提升人居环境品质，顺应时代潮流，实现人与自然的和谐共生。

3.3 景观行业的价值聚焦

景观行业涉及改善城乡居民生活获得感的方方面面，从国土空间、城乡人居、风景环境层面探寻人与自然的关系，具有多尺度的意义。

景观行业作为美好人居环境建设的科学支撑，以协调人与自然关系为根本任务，在新时代生态文明建设和城乡人居环境品质提升中起着极为重要的作用。景观包含城乡空间的蓝绿系统、统筹城乡的灰色系统，其建设直接关系千家万户，是市民百姓的绿色福祉，更是建设美丽中国的重要支撑。新时代的景观建设，需要遵循环境发展规律与特性，以"人与自然和谐共生"为发展目标。传统"滞后补绿"的景观建设已不能满足新时代的要求和高度。真正改变景观行业后置配合的现象，在国土空间规划、城乡人居改善、生态环境保护发挥景观行业的专业价值，统筹多层面、多维度目标，兼顾多专业协同。

3.3.1 景观规划与国土空间规划

1）国土空间规划的统筹

近年来，国家全面铺开国土空间规划的相关工作。国土空间规划强调提升国土空间品质，从"山水林田湖草"全方面进行美丽国土的建设，是建设生态文明的重要组成部分，也是推动高质量发展的重要举措。"三区三线"的划分，必须在坚持尊重自然、顺应自然、保护自然的前提下，坚持节约优先、保护优先、自然恢复为主。统筹考虑协调城镇空间、农业空间、生态空间三者之间的关系，并严守生态保护红线、永久基本农田保护红线、城镇开发边界线、海域保护红线，建设"分类科学、布局合理"的自然保护地体系，构建生物多样性保护网络，促进大江大河岸线高效利用和有序更新以及沿岸地区生态修复，拓展海陆统筹的蓝色空间，共筑安居乐业的幸福家园。

设计遵循规划为上位，以总体规划、次区域规划、专项规划、控制性详细规划、特色风貌区城市设计等作为设计依据；众多规划或多或少存在表述的不一致性，多规合一后，国土空间统一一张蓝图，构建"五级三类四体系"，强化刚性管控，对具体的建设活动进行更为系统、全面、准确的引导，也带来行业的新发展。

2）景观规划设计的衔接

景观规划设计与建设不应被动地响应绿地系统等相关规划，应在国土空间层面发挥行业的核心价值。学者专家们针对景观规划与国土空间规划的关系已展开了思考与研究。李迪华认为，城乡规划学着眼于社会经济发展与空间战略问题，而具体的空间实施上则需要景观规划以及设计来主导。金云峰、李建伟等提出景观规划本身具备综合的规划手段，可以从多维度协调各类规划对自然资源的保护、控制、利用，景观规划将成为国土空间规划的重要组成部分。吴岩等在国土空间规划背景下针对蓝绿空间系统专项规划进行研究，廓清其编制层次及工作重点。

景观规划设计的相关研究与探索步步深入，将成为国土空间规划的重要支撑。景观规划积极参与生态空间格局重塑，塑造生态绿心，保护滨水空间生态涵养带，形成生态安全屏障，加强生态廊道的建设和保护，提供更多优质生态产品和生态景观。景观行业执业者应肩负历史责任，以前瞻性的眼光，积极参与到国土空间规划的进程之中，发挥景观行业的核心价值，在实践中探索专业顶层设计的构建（图3.3）。

图3.3　商丘市古城湖文旅规划

3.3.2 绿色基础设施建设与城乡人居环境

1）城乡人居环境改善

城乡人居环境改善需要景观、市政、建筑等多专业协同。现阶段的建设往往将项目的各专业工程进行分割，独立开展，各个专业的设计只需满足本专业的功能需求；工作流程以线性为主，往往建筑、市政等专业先行，而将与人居活动及环境关联最紧密的景观专业后置，从而无法进行系统化的统筹。对于建设实践对象的塑造，往往局限于本体的空间形态，忽略了区域属性，削弱了绿色基础设施的效能。

例如水环境项目，往往给排水工程先行，景观工程作为补充。在实际操作中，容易出现水利设施不够美观、活动场地预留空间不足、因设计竖向限制无法设置亲水空间等现象。项目多关注于设计水体本身是否达到既定的指标要求，忽视了区域乃至更大范围水系之间的联系，以及水体与其他环境要素的关联性。

2）绿色基础设施建设

城乡人居环境层面的景观表现为绿色基础设施，这已成为普遍认知。绿色基础设施是由各种开敞空间和自然区域组成的绿色空间网络，包含绿道、湿地、雨水花园等。绿色基础设施系统与蓝色、灰色系统紧密联系，共同构成城乡人居的支撑系统。

水环境项目作为蓝、绿、灰系统协调统一的典型，需以景观系统化思维作为引领，整合水利防洪、环境资源、市政交通、建筑风貌、公共艺术等多维度内容，统筹水安全、水生态、水景观三大脉络，采用"三脉并行"的水环境综合整治模式。在满足水利防洪功能的同时，兼顾生态与美观，满足人们观水、近水、亲水需求，统筹协调开放空间与区域整体的关系（图3.4）。

以景观系统化思维进行统筹，兼顾蓝、绿、灰基础支撑系统建设，构建完整的体系模式，从而保证系统效益最大化。在体系之中，各专业工程具体地解决实际问题，营造以人为本的公共空间，从而激发多样场景的休闲活力，塑造人、城、境、业和谐统一的城乡人居环境。

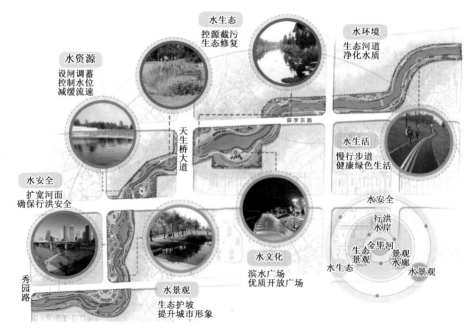

图 3.4 南京市溧水区金毕河水环境整治工程工作路径

3.3.3 生境修复与风景环境

1）风景环境实践

风景环境包含风景名胜、海洋、湿地、草原、山林地、棕地等自然保护地类型，景观行业在各类型中展开了丰富的实践（表 3.1）。不同于城乡人居环境，风景环境虽然或多或少地受到人类建设活动的扰动，但与人类日常生活相对分离。对于此类环境，必须以保护为核心。

表 3.1　风景环境类型与实践

风景环境类型	景观实践
风景名胜	旅游规划与风景名胜区设计
海洋	滨海咸水湿地生境修复
湿地	内陆淡水湿地营造
草原	草原生态保护与格局优化
山林地	山林地生态修复与生态游憩
棕地	矿坑、工业废弃地生态保护与修复

1982 年第一批国家级风景名胜区名录公布后，风景名胜区的规划与建设兴起，从业者在实践中不断探寻旅游发展与风景名胜保护的平衡关系。近年来，海绵城市建设推进，内陆淡水湿地作为重要的"海绵设施"，相关研究与实践得到业界更多关注。草原、山林地、咸水湿地等具有复杂独特的生境条件，规划设计以保护及改善周边动物的栖息环境为核心，适度的科普游览有利于凸显场地的科研价值，这对于生境拟态修复及人类活动控制提出了更高的要求。随着新增建设用地的减少，棕地作为极具更新潜力的土地类型备受关注。

自然保护地体系以国家公园为主体、自然保护区为基础、各类自然公园为补充。建立统一的自然保护地体系是当前的迫切任务，但是我国现有保护地仍存在交叉重叠、边界不清、多头管理等问题，专家学者就现阶段风景环境分类系统的对应及定位进行了深入的探讨，这也给风景环境营造带来了新的契机与要求。

2）生态环境修复

新时代生态环境的保护与修复需要建立更为全面科学的评价管理体系，保障生态安全，严格划分保护层级与标准；结合新兴技术及工艺，对人类建设活动造成的负面影响进行阻断与修复，恢复自然生态过程。在可建设区域适度开展游憩活动，通过景观规划将科普教育融入游览之中，实现人与环境的良性互动，达到"活态保护"。

针对人类对生态环境破坏的修复，景观行业还可以做得更多。无论是将矿坑、矿山、废弃地通过多样生态修复手段转化为绿色设施，对于山石、水体加以选择利用，彰显场地记忆；还是通过修复海岸线，恢复适宜鸟类栖居的红树林，营造水、林、鸟与人和谐共生的自然环境（图3.5）；抑或对工业历史遗存加以改造，充分利用形势地貌和新旧建筑，通过景观手段进行改造和利用，都体现园林景观行业对于生态环境建设的重要作用。

图 3.5　自然与人居和谐共生的中山翠亨国家湿地公园工程

4 景观思维下的生境共同体

新时代生态文明建设理论的提出，为景观行业提供新的发展方向和广阔的实践空间。人类所赖以生存的生态环境是一个共同体，生态文明建设实践具有多目标、多专业、多维度等特点。利用景观系统化思维，能够总揽全局、统筹兼顾，构建生境共同体规划设计实践体系。通过系统分析景观系统性思维，探讨生态环境共同体的意义，形成景观行业发展实践范式。

4.1 景观思维

进入新时代以来，我国经济已由高速增长阶段转向高质量发展阶段，对生态文明建设提出了更高的要求。人类生存所依赖的生态环境是一个共同体，生态文明建设必须用系统性思维来践行实施。运用景观思维，尊重自然本底、地域差异，传承历史人文，合理开发利用，完善基础设施建设，改善人居环境，能够解决城乡经济发展和生态环境保护的不平衡。

4.1.1 景观思维的内涵

景观行业在时代演替过程中，从最初功能简单的"园囿"逐渐发展为如今范畴庞杂的"景观"，其功能、内容及服务对象都在不断变化。在生态文明建设中，景观扮演的角色越来越重要，逐渐形成一门复杂的综合学科。因其在发展过程中不同层面、不同深度的丰富实践，景观规划设计形成了具备时代特性的新思维方式。

景观思维是指在生态文明建设实践中，尊重自然、传承人文、注重品质，利用马克思主义系统性思维，跨越专业领域的界限，融合不同专业知识，统筹兼顾、协同发展，高瞻远瞩地指导实践行为的建设思维方式。

1）尊重自然

习近平总书记指出：自然是生命之母，人与自然是生命共同体，人类必须敬畏自然、尊重自然、顺应自然、保护自然。

人与自然和谐共生直接关系人类自身的命运。在科技高度发达的今天，必须保持对自然的敬畏之心，只有在尊重自然和顺应自然中保护自然和利用自然，才能真正实现人与自然和谐共生。改革发展至今，由于人口的迅速增长及人类对生态认识的片面性，导致自然生态的破坏和不合理开发利用，使城市的自然生态面积急剧萎缩。在这种情况之下，人类将目光投向城市中的自然保护上来。城市自然生态不仅可以作为自然景观存在，其修复更可缓解现存自然生态所受到的威胁和环境压力，是生态保育的有力措施。

2）传承人文

城市景观在经过长期的积累与沉淀后，逐渐形成相应的历史文化遗产。而对传统与历史的单纯复制，或者对他国城市景观的盲目照搬和追求，都将导致城市本土传统景观文化特色的丧失。因此，实现景观文化价值的保护与传承，就要对城市区域的空间格局及其形成人文景观的自然演进过程进行充分了解，应从不同的时间维度将文化印象加以塑造，即通过文化传承、文化融合、文化创新将"过去""现在""未来"融合在一个空间内。把握本土化特色，传承历史，使城市景观最大程度地符合大众心理期望，景观深刻融入城市的记忆，并更好地为经济发展服务，以达到本土文化与时代特色最佳结合的效果，改造和完善城市居民生活环境和生态景观。

3）注重品质

当代景观行业已经走上一条高速发展的道路，在经济全球化的影响下，景观成为一个广泛的概念，它是审美的、是体验的、是科学的、是有含义的。景观规划设计长期以来主要服务于人类，核心理念也是基于改善人类"生活品质"，塑造具有舒适感、安全性和新机遇的生活环境。生态文明时代对景观行业提出了新的要求，对环境品质的营造不仅需要满足人的需求，更需要注重景观的自然特征，考虑人类活动与自然环境之间的相互影响。

4.1.2 景观思维的特点

新时代的生态文明建设范畴广泛，景观思维能够统筹统一多种目标，具有系统性、协调性、适宜性、前瞻性等特点。

1）系统性

景观思维具有系统性特点。景观行业内涵和外延的拓展，使得实践范畴更加广阔。面临解决不同目标、不同专业、不同维度之间的问题，从纷繁复杂的条件、需求中梳理出清晰的脉络，实现国土规划、城乡发展和人居环境的和谐统一是当务之急。只有始终坚持马克思主义的立场、观点、方法来系统性分析问题、解决问题，从顶层策划思考，服从目标，统筹兼顾，系统规划，才能建立顶层核心框架，实现对象与主体的和谐共生。运用系统性思维，协同不同专业、不同方面的实际需求，加强整体的内外联系，厘清矛盾的主次，兼顾蓝、绿、灰基础支撑系统，构建完善体系。

2）协调性

景观思维具有协调性特点。景观主要研究人与环境之间的关系，倡导"道法自然、天人合一"的思想。景观思维从自然取法，融合不同的内容，以达到天人合一的境界。一方面强调自身的协调平衡，不突出某一局部，而是协调各部分之间的关系，使之成为一个整体，各部分、要素在其中各司其职，浑然一体。另一方面还注重主体与对象之间的协调，中国传统文化强调融入自然，不将人与环境人为地割裂，达到"天人合一"的境界，实现人与环境的和谐共生。

3）适宜性

景观思维具有适宜性特点。在生态文明建设中，由各种开敞空间和自然区域组成绿色基础设施，景观实践得到广阔的施展空间。在具体的实践中运用适宜性思维，规划方案强调"因地制宜"，植物选用"适地适树"，文化传承注重"地域特色"。在生态文明建设过程中，不能为了眼前利益，不顾地域实际情况，铺张浪费，既不可讲究排场，也不能照搬照抄，而应该注重地域特色展示、历史文化传承、乡土植物的保护与培育。

4）前瞻性

景观思维具有前瞻性特点。景观行业的发展与规划息息相关，景观规划是各级规划的参与者与实施者，景观思维不能只从自身出发，必须从行业发展出发，积极主动承担更多的责任，处理好个体和环境之间的关系。景观思维不能只考虑当下的建设效果而损坏未来的环境利益，必须结合时代发展进行思考。景观是"唯一有能力对当今社会的快速发展、城市转型过程中的问题从逐渐适应和交替演变等方面提出有效解决方法的模型"，在可持续发展进程中，景观规划设计作为"人工自然的生态介入"，承担着重大的责任，必须处理好环境保护与合理性开发之间的关系，必须坚持可持续发展，具备前瞻性。

4.2 生境共同体

4.2.1 生境共同体的概念

人类赖以生存的生态环境是一个共同体，生境共同体由自然生态环境和人居环境共同构建，自然环境包括海洋、湿地、森林、草原、山体和棕地环境等，人居环境是人类工作劳动、生活居住、休息游乐和社会交往的空间场所，包括乡村、城镇、城市等在内的所有人类聚居区域环境。生态环境是人类生存和发展的根基。生境共同体有其自身的发展规律，人类只是生境共同体的一个部分，维系可持续发展必须敬畏自然、尊重自然。

生境共同体通过研究人与生态环境之间的关系，亦即主体与对象之间的景观实践，合理运用自然因素，尤其是生态因素、社会因素，注重整体环境的内、外在联系，创建人与环境的和谐平衡，形成共存共生的共同体。

1）自然生态环境

2019 年 2 月，韩正副总理在主持召开中国生物多样性保护国家委员会会议指出，进一步做好生物多样性保护工作，要按照山、水、林、田、湖、草是一个生命共同体的理念，形成以国家公园为主体、自然保护区为基础、各类自然公园为补充的自然保护地管理体系，让重要自然生态系统得到最严格保护，要切实强化野生动植物保护管理监督，进一步加强自然遗传资源管理和保护，并用最严格制度、最严密法治推动生物多样性保护工作。与自然环境和平相处，是中国人自古以来的生存智慧。《礼记·中庸》"万物并育而不相害，道并行而不相悖"的论述，就体现了敬畏并顺应天道自然规律，对生物多样性的包容。

景观生态学以整个自然界的生态系统为研究对象，强调景观的组成因子，如气候、地质、土壤、植被、水文、动物及人类活动等的生态子系统之间相互作用及其对自然界影响，不仅研究景观生态系统自身发生、发展和演化的规律特征，还探求合理利用、保护和管理景观的途径与措施。

2）人居生态环境

对人类环境宜居性的关注古已有之，无论是中国诗人对"乐土""乐国""乐郊"的追求，还是西方哲人对"诗意栖居"的主张，无一不表现出对美好宜居家园的向往。从 1961 年世界卫生组织提出"安全性、健康性、便利性、舒适性"的居住环境基本理念，到 1996 年"人居二"对城市可持续与公平性的关注，再到 2016 年"人居三"对提升城市吸引力、打造宜居城市的倡议，全球宜居城市的研究与实践不断扩充着人类宜居的内涵。中共中央、国务院《关于进一步加强城市规划建设管理工作的若干意见》中，明确提出将"努力打造和谐宜居、富有活力、各具特色的现代化城市"作为城市规划建设管理工作的总体目标。可见，无论古今中外，和美宜居的城市家园永远都是人类的向往，也是城市规划设计理论与实践的不懈追求。

随着国内城市的快速发展，城市居民对建设美好城市生活环境提出了更高的要求。城市文化品位与生态系统建设需要进一步满足当前城市发展需要，以促进城市文化、城市生态以及城市经济的均衡发展。不仅要实现生态与人文价值的有效融合，还要进一步提高城市的文化品质。宜居是人们对理想城市人居环境的永恒追求，更是高质量发展时代城市竞争力的重要体现。

3）生境共同体的景观内涵

生境共同体理念下的景观是研究人与自然的协调发展，以保护自然环境为目的，是规划、设计、保护、建设和管理户外自然和人工境域的学科，其根本使命便是协调处理人和自然环境之间的关系。通过顶层设计理念，统筹思考在国土空间、人居环境、城市基础设施等各个层级形成统一规划、统一管理，科学合理地设计。景观思维下的生境共同体是将景观规划视为整体的关于人类生态文化与生活空间的理念，点明了景观拥有相应的文化价值，而不单单具有历史文化载体的功能。

4.2.2 生境共同体的组成

1）自然环境

自然生态环境是影响人类生存与发展的水资源、土地资源、生物资源以及气候资源数量与质量的总体，是关系到社会和经济持续发展的复合生态系统。生态环境问题是指人类为其自身生存和发展，在利用和改造自然的过程中，对自然环境破坏和污染所产生的危害人类生存的各种负反馈效应。解决生态环境问题就是要加强生态文明建设，形成"山、水、林、田、湖、草生命共同体"，从过去的单一要素保护修复，转变为以多要素构成的、以生态系统服务功能提升为导向的保护修复。

2）人居环境

人居环境是人类工作劳动、生活居住、休息游乐和社会交往的空间场所。人居环境科学是以包括乡村、城镇、城市等在内所有人类聚居形式为研究对象的科学，它着重研究人与环境之间的相互关系，强调把人类聚居作为一个整体，从政治、社会、文化、技术等各个方面，全面地、系统地、综合地加以研究，其目的是要了解、掌握人类聚居发生、发展的客观规律，从而更好地建设符合人类理想的聚居环境。

生态文明时代的人居环境的建设必须考虑自然环境与人居环境的共融共生。在保证自然系统和生态安全的前提下，维护建构城市内外完整的生态体系。但这些年随着城市化发展，更多人工控制取代了原有的自然系统运作，景观、生物多样性变得单一化，生态功能削弱。

生境共同体是基于人与自然是生命共同体这一理念，追求生物圈和人类生存与生活环境的整体和谐，在深刻认识保护与发展关系的前提下形成人与万物和谐共生。

4.3 景观思维下的生境共同体的内涵

山体矿坑修复、森林保护与生态旅游、美丽乡村建设、特色小镇规划、生态修复与城市修补、海绵城市建设、海岸线修复、生态湿地保护、草原生态格局优化、田园综合体规划等，这些生境共同体的建设实践与景观有着千丝万缕的关系。

景观实践活动中的对象（环境）与主体（人）共同构成景观生境共同体，通过景观系统性思维，统筹考虑在国土空间、城市建设与人居环境等不同维度间的内在联系及外部效应，指引各项建设实践，以持续助力生态文明建设（图 4.1）。

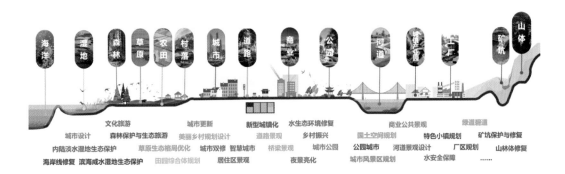

图 4.1　景观生境共同体

生态文明时代对景观行业提出更高的要求，对环境品质的营造不仅需要满足人的需求，更需要平衡景观的自然特征、人类活动对自然环境影响等生态系统间的关系。景观行业要对不同维度的要素进行系统组织，将工程技术、文化艺术、物种保护、社会经济等多专业统筹考虑，维系生态环境平衡和生态安全，在多专业复合工作框架下生成实践范式，建构人居环境内外完整的巨系统。

传承创新，继往开来，以生态文明时代的要求和高度审视园林景观行业，能够准确认识行业所承担的历史责任与时代任务。未来的景观行业在对象与主体、方法与实践方面都将发生转变、产生新的发展趋势。

4.3.1　对象与主体

保护生态环境、改善人居环境是新时代景观行业的首要任务。从国土空间到城乡人居再到风景环境，未来的景观行业将展开全面、丰富的实践，发挥行业在生态文明建设中的核心价值。

在具体的实践活动中，对象（环境）与主体（人）发生着复杂的互动，共同构成景观生境共同体。以景观系统性思维为导向，关注生态过程修复与人地关系构建，在多专业复合工作框架下生成实践范式，将"自然的风景"与"人工的环境"有机统一。必须以规划引领，统筹生态、空间、功能、文化多个层面目标，进行顶层设计；以景观系统性思维为主导，系统协调不同专业、不同层面的工作重点；以各专业协同作为支撑，解决项目中产生的具体问题。

4.3.2　过程与方法

随着生态文明建设及高质量发展等政策理念的不断深入，景观行业将更为注重整体的意义，推动"规划—设计—建设"过程与方法产生新的变革。

由总体规划、详细规划、相关专项规划组成的国土空间规划体系，对建设发展以适度超前引领。作为国土空间规划重要组成部分的景观规划，以大数据作为有力支撑，确立定位、层级、指标等内容，对设计与建设进行上层引领。在设计层面，整合多学科行业已成为必然。需要以景观系统化思维为导向，统筹相关专业，通过科学化的分析与评价构建设计路径体系。在此构架之下，景观与建筑、市政等专业协同，各专业平行推进、深入合作，通过具体的技术手段解决实际问题，确保规划设计目标的最终落实。通过"规划引领，景观导向，专业协同"，全过程处理好保护与发展的关系，维系景观生境系统的动态平衡，实现可持续和谐发展。

4.3.3 趋势与目标

在生态文明背景下，景观建设活动以整体化、智慧化、高效化、品质化为发展趋势，以营造生态、安全、宜居的国土空间为目标。从规划设计到建设实践，景观行业更注重整体的意义，通过建立完整的多目标体系，协同多专业交叉融合与深入协作。科学技术的进步推动行业理念及工具的革新，从信息采集、分析与评估、预测与优化等方面，可更加清晰、直观、科学地协调人与环境的关系。在规划、设计、建设的各阶段提供科学的依据和方法，搭建智慧化平台，促使建设活动高效化运转。通过高品质的建设项目，助力美丽中国建设。

4.4 景观思维下的生境共同体意义

改革开放40多年来，景观行业逐渐发展壮大，然而仍面临诸多问题。园林施工资质被取消，甚至设计专项资质也一度讨论过是否要取消，这些行为不仅导致园林景观从业者的门槛降低，更将景观行业推向更低的从属地位。

习近平同志提出的生态文明建设理论强调，生态环境是人类生存和发展的根基，生态环境变化之间影响文明兴衰演替。人类与其赖以生存的生态环境是一个共同体，与之对应，景观实践活动中的对象（环境）与主体（人）共同构成景观生境共同体。

景观行业在生态文明建设中承担重要作用，其实践范畴广泛、类型多样、专业交叉，需要系统思考、统筹兼顾。以景观系统性思维为总领，统筹考虑国土空间规划、城乡建设发展与生态宜居环境之间不同层面的联系，构建"景观生境共同体"顶层规划实践体系，采用"规划引领、景观导向、专业协同"先进适用、科学发展的实践方法，指引生态文明建设实践，助力实现美丽中国梦（图4.2）。

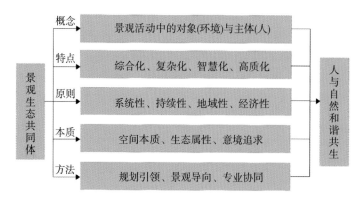

图4.2 景观生境共同体体系内涵

4.4.1 顶层设计，统筹兼顾

生态环境问题归根结底是发展方式和生活方式问题，要从根本上解决生态环境问题，必须贯彻绿色发展理念，坚持从顶层设计，统筹兼顾。景观生境共同体的设计实践注重顶层框架体系的构建，将其作为国土空间规划实施的重要支撑。在规划设计及建设中，确定方向性，体现前瞻性，从全局考虑，提出战略性思路。对接国土空间开发布局，强调"多规合一"，遵循"五级三类四体系"的控制要求，"三区三线"、一张蓝图绘到底。通过科学的评价与分析，划定保护及建设范围，控制建设强度，协调人地关系，实现经济发展、城乡人居与生态空间的和谐统一和持续发展。

新时代生态文明建设，必须坚持马克思主义哲学，坚持实事求是，提高科学思维能力，坚持问题导向，重视调查研究和学习。在景观生境共同体规划设计实践体系的构建中，必须坚持规划引领，通过统筹协调不同层级、不同类别的规划，从顶层引领设计与实践；必须坚持景观导向，通过景观系统性思维导向，融合经济发展、文化传承、生态保护及人居需求目标，形成设计与实践框架；必须坚持专业协同，通过多行业、多专业交叉协作与优化，保障高质量实施，实现人与自然的和谐共生。

4.4.2 兼收并蓄，融合统一

在过去的社会发展建设中存在大拆大建、毁田破林，忽视历史发展规律及地方特色保护、历史文化传承等现象，短期经济增长的代价是无法弥补的自然人文环境的破坏。景观生境共同体理论与实践融合社会、经济、环境、人文和城市规划、建筑、旅游等需求，遵从生态文明思想，将城乡经济发展与生态环境保护、历史文化传承相融合，兼收并蓄。在保护生态环境的前提下，在城乡发展中进行保护性开发建设，将历史文化传承好，将地域特色保护好，通过系统融合式发展，造福子孙后代。

景观生境共同体具有跨学科、多专业交叉的综合化特点，不仅考虑国土空间规划，还统筹兼顾经济建设发展、城乡人居环境，实现多目标的融合统一。使得"自然的风景"诸如海洋、湿地、森林、草原、山林与"人工的环境"如城市、村镇、农田等彼此关联，支撑人居环境、自然生态环境的和谐共生。从全局的角度，统筹规划，集中配置资源，为未来发展预留弹性空间。

4.4.3 与时俱进，科学发展

景观生境共同体理论与实践坚持与时俱进、科学发展，将生态文明理论与蓝、绿、灰基础设施建设相结合，采取低影响开发模式，利用其整体复合化特征，避免过度开发带来的生态环境问题。采用新理论、新理念指导规划设计；通过多专业协同工作，打破专业之间的壁垒；坚持利用可再生的环保材料，积极应用新研发的新工艺、新技术，提高产品质量和精细化程度；采用新时代大数据、人工智能辅助管理运维，实现智慧城市建设。

习近平总书记指出，发展必须是科学发展，必须坚定不移贯彻创新、协调、绿色、开放、共享的发展理念。景观生境共同体作为新时代背景下规划设计实践体系，坚持科学创新发展。科学技术的进步带来理论与工具的革新，景观生境共同体的体系构建与时俱进，结合定性与定量手段，实现各专业的一体化协同，从根本出发，提出具体解决方案，真正实现生态惠民、生态利民、生态为民。

景观生境共同体作为生态文明时代的景观规划设计实践体系，通过顶层体系构建，统筹兼顾，坚持"规划引领、景观导向、专业协同"科学方法，传承发展物质空间与精神文化，提出因地制宜的解决方案，协调城乡经济发展与生态环境保护之间的不平衡，助力生态文明建设，建设美丽中国。

景观行业随着新时代的来临，内涵和外延不断拓展，在生态文明建设中承担了更多的历史责任。通过景观系统性思维，将人类依赖生存的生态环境视为一个共同体，统筹兼顾，在国土空间、人居环境、自然风景等层面，实现顶层规划设计愿景，形成生态文明建设实践范式。景观思维下的生境共同体构建，能够践行"生态优先，绿色发展"理念，解决城乡经济发展和生态环境保护的不平衡。

5 景观生境共同体的构建

当前国际形势瞬息万变，国家经济发展模式进一步优化调整。如何在经济发展速度放缓的前提下进行高质量生态文明建设，成为新的课题。

进入新时代以来，随着"两山论""生态文明""美丽乡村""公园城市"等理论的提出，"生态优先，绿色发展"的理念深入人心。在此格局下，景观行业内涵和外延不断发展，在国土空间、人居环境、自然风景等层面有着越来越多的实践，与生态环境联系愈发紧密。总结不同层面的实践，系统解析"景观生境共同体"这一景观规划设计实践理念的特点、原则及目标，探讨构建方法和建设内容，通过行业的顶层规划设计，助力"生态优先，绿色发展"的美丽中国建设（图5.1）。

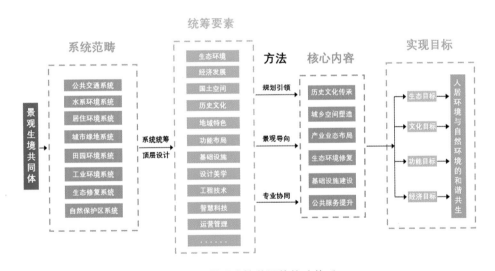

图 5.1　景观生境共同体构建体系

5.1　构建特点

景观实践活动中的对象（环境）与主体（人）共同构成"景观生境共同体"，以景观系统性思维为导向，关注生态过程与人地关系的构建，在多专业复合的工作框架下生成实践范式。景观生境共同体的构建具有综合化、复杂化、智慧化、质量化等特点。

5.1.1 综合化

从早期服务于农耕文明时代帝王、文人士族的"圃、囿、陵、园"，到近现代服务于工业文明、信息时代公民的"景观"，园林景观的发展远不止于名称的改变，其内涵和外延得到不断拓展。景观行业的主体与对象之间存在复杂的联系，包含经济发展、自然地理、建筑设计、艺术美学、人文历史、植物生态、心理哲学、管理经营、工程技术等众多学科的内容。

在新时期生态文明理论的加持下，景观生境共同体理念应运而生，研究实践渗透国土空间、人居环境、自然风景等不同维度。景观生境共同体的构建呈现出多专业综合化的特点，不论是国土空间层面的多规合一、保护性开发利用研究，还是人居环境层面的基础设施建设、城市更新设计，抑或是自然风景层面的生态修复、生态保护，单一专业（行业）都无法独立完成，需要其他行业的协同配合。以综合化的手段与技术为支撑，统筹兼顾新时代建设的各方面内容。

5.1.2 复杂化

生境共同体几乎涵盖了国土空间规划、城乡经济发展、历史文化延续、景观建筑美学、生态环境保护、基础设施建设、乡土植物保护、工程工艺技术等各个层面，具有较高的复杂化特点。

景观建设追求和谐统一，其思维特性可协调这种复杂性。依据景观生态理论来分析确定保护性开发的尺度；通过具体的景观规划方案衔接和实施宏观的规划思想；营造景观场所妥善协调对象与周边环境的关系；采用景观元素延续和展示地域的历史文化；配置乡土植物体现地域特色、绿色发展的理念，系统地协调好蓝、绿、灰基础支撑系统建设。通过景观化的思维方式，化解各个层面的复杂性，保障景观生境共同体的多目标实现，助力新时期生态文明建设。

5.1.3 智慧化

5G 时代已经来临，大数据、物联网、云计算等正走进我们的生活。智慧化是未来建设的趋势所向，"新基建"概念的提出正是这一特点的着重体现。景观生境共同体的构建同样体现出智慧化特点。

不同实践中智慧化运用也不同。水环境项目中通过电子设备实时在线监测，掌控不同水体的各项指标，在分析、评价的基础上，制定水体预防和治理方案。利用大数据技术动态监测与趋势跟踪评估，分析人和车辆在不同时段的运行轨迹和规律，进行互动关联性识别，预测分时城市交通量，提前进行规划、干预以缓解交通堵塞，并对既往交通发展战略、规划进行评估和修正完善。通过采集园林环境实时数据，基于环境感知技术、远程测控技术、网络通讯技术等多种现代信息技术，实现实时监测、预警通知、即时决策、智能管控等功能，为园林养护提供了智能化、自动化、现代化的管理工具。利用不同的智能化装置，如雾喷、光影和音响设备等，让主体参与到与对象的互动之中，形成景观交互式体验。通过 BIM、装配式等技术，参与到建筑、综合管廊、轨道交通等项目的规划设计、建设过程及后期运维的全过程。

5.1.4 质量化

新时代的发展理念，要求社会经济发展由高速度向高质量进行转变，对景观生境共同体的构建提出了更高的要求。高质量发展是社会发展到高级阶段的必然需求。对社会发展应该有超前意识、超前规划，应该一张蓝图绘到底，不能朝令夕改。高质量发展，体现在生态环境保护方面，要打赢污染防治攻坚战，以底线思维坚持可持续发展；高质量发展，体现在地域经济发展方面，要求各部门协同发展，各学科各专业相互支撑相互协作，不能各自为政；高质量发展，体现在城乡基础设施建设上，要求精雕细琢，不断应用新技术、新科技，提升建设品质。

5.2 构建原则

景观生境共同体的构建，以系统性、可持续性、地域性和经济性为原则。

5.2.1 系统性

景观生境共同体的构建，需要遵循系统性原则。景观生境共同体覆盖面广，包含从国土空间规划到山、水、林、田、湖、草格局保护，从城乡空间发展到基础设施建设，从环境的综合整治到生态修复等。依据系统性思维从顶级层面综合考量，协调解决主体与对象在不同方面的矛盾与问题，从而实现人与自然的和谐共生，达到功能与效益的统一。遵循系统性原则，能够实现全过程的超前规划、统筹兼顾、协同设计、分期建设、持续运维，保证建设成果的持续性和有效性。

5.2.2 可持续性

景观生境共同体构建需要遵循可持续性原则。新时期的生态文明建设维系人类社会的可持续发展，经济与环保协同发展成为必然选择和必然要求。景观生境共同体建设的涉及面广、学科交叉深、建设周期长、牵动利益多，必须坚持可持续性原则。从顶层设计出发，着眼于未来，不急于求成，提前协调好各个学科专业之间的关系，尊重历史发展规律，进行保护性开发利用。坚持生态优先、绿色发展的理念，实事求是，做出长远规划和计划，分步骤按计划进行实施，不能为了短期的利益，牺牲大好的自然环境，也不能为了当下的发展，断送未来。

5.2.3 地域性

景观生境共同体的构建，需要遵循地域性原则。以习近平同志为核心的党中央提出"绿水青山就是金山银山"科学论断，要求建设实践尊重历史现实、尊重地域差异，根据不同地域的实际情况，制定适合自身发展的道路。景观生境共同体的构建，要充分研究分析地域的实际情况，依据自身具备的自然资源，寻找适合地方发展的业态，合理地制定计划规划；要充分挖掘地域传统文化，结合城市发展规划，因地制宜，不"照搬照抄"，不搞"千城一面"，体现出"百花齐放"的繁荣面貌。

5.2.4 经济性

当前国际形势风云变幻，国家经济下行压力逐渐增加，中央强调了以"国内大循环"为主的双循环经济发展格局，建设重点也向"新基建"转移。有鉴于此，景观生境共同体还需要依据经济性原则，优先着眼于生态环境治理，减少基础设施建设；优先推进城市更新，减少新城市新市镇建设。特别是在规划层面，还存在部门不清、界限不明的现象，要大力推进国土空间规划改革，实现"多规合一"，从顶层设计层面减少不必要的浪费。

5.3 构建目标

景观生境共同体的构建，需要在不同层面统筹经济、文化、功能等多维目标。

5.3.1 国土经济

景观生境共同体构建的目标，在国土层面体现为实现国家经济发展、自然环境保护与科技规划的再平衡。我国虽地大物不博，发展很不平衡，中科院国情研究小组根据 2000 年资料统计分析，胡焕庸线东南侧以占全国 43.18% 的国土面积，集聚了全国 93.77% 的人口和 95.70% 的 GDP，这条线在某种程度上也成为城镇化水平的分割线，两侧发展失衡严重。景观生境共同体的构建从宏观层面出发，响应我国经济发展向 "以国内大循环为主体、国内国际双循环相互促进的新发展格局" 转变。加大宏观调控力度，加强国土空间规划，实施 "多规合一"，指导不同地区的发展建设重点，合理制定构建城市化地区、农业地区和生态地区 "三大格局"，完善优化开发、重点开发、限制开发和禁止开发四类开发模式，促进经济发展建设与生态环境保护的平衡。

5.3.2 区域文化

景观生境共同体构建的目标，在区域层面体现为协调区域城乡建设与历史文化传承、绿色发展之间的关系。改革开放以来的城市化进程发展迅猛，但中间走了很多弯路，一些城市建设违背自然规律和历史传承，盲目 "大拆大建"，造成历史上各具文化特色的城市 "千城一面"；当前，仍有一些农村没有注重保护自然生态，盲目合并。景观生境共同体的构建，能够在区域发展的层面挖掘自然历史文化禀赋，体现区域差异性；提倡形态多样性，发展有历史记忆、文化脉络、地域风貌、民族特点的美丽城乡环境；遵循历史发展规律，做好城乡发展规划，保护历史文化和自然景观，协调好城乡发展与人居环境之间的关系。

5.3.3 本体功能

景观生境共同体构建的目标，在本体层面体现为解决生态环境保护、城乡基础设施与人居环境建设的实施问题。习近平同志在党的 "十九大报告" 中指出，"我国社会主要矛盾已经转化为人民日益增长的美好生活需要和不平衡不充分的发展之间的矛盾"。因此，如何满足人民的美好生活需求是当务之急。景观生境共同体的构建，能够从对象特点与主体需求出发，遵循生态优先理念，统筹兼顾历史传承和空间规划设计，协调整合好蓝、绿、灰色基础设施建设时序，做好多学科多专业交叉的衔接工作，真正为城乡居民提供美好的生活环境。

5.4 构建方法

"景观生态共同体" 的构建采用 "规划引领、景观导向、专业协同" 的方法，建立起规划设计框架体系。

5.4.1 规划引领

国家发展长期坚持 "五年规划"，促使社会经济飞速发展。"十四五" 时期是我国由全面建成小康社会向基本实现社会主义现代化迈进的关键时期，绘好"十四五"发展蓝图，意义重大。

新时代生态文明建设的广大实践，催生了"景观生境共同体"设计实践体系，在其构建过程中，需要规划来引领。只有通过规划的顶层设计、系统思考、统筹谋划、科学布局，解决协调好不同层级、不同类别规划之间的关系，准确地抓住景观生境共同体实践定位，才能真正"规划未来、引领现在"。

景观生境共同体的构建，需要顶层规划的引领。针对原有规划体系各自为政的乱象，国家重新整合资源，重铸国土空间规划理论，就是要提升规划的引领作用，依据《关于建立国土空间规划体系并监督实施的若干意见》，提出建立"全国统一、相互衔接、分级管理"的国土空间规划体系，尽快实现"多规合一"，部分地区提出形成"五级三类四体系"的框架，划定"三区三线"，积极推进"双评价"。在景观生境共同体实践中，要将国土空间规划与总体规划、专项规划、详细规划等相结合，实现"一张蓝图干到底"。从国土空间规划层面思考，延续城市规划思想，协调好保护与发展的关系。

在景观生境共同体的构建中，规划的引领作用尤为重要。需要针对不同项目的具体情况，选择采用适当的规划体系，协调不同规划之间的关系，从而准确抓住项目定位，从顶层规划解决问题。

1）规划的属性

"景观生境共同体"规划设计实践体系构建过程中，应根据不同实践的具体情况，选用和适用的相关规划需具备以下属性。

（1）高度性

生态文明建设过程中，"景观生境共同体"规划设计实践体系因其涉及范围广泛，选用的规划也非常繁杂。实践采用的规划必须具有高度性。首先必须遵从国家的相关政策法规，这些规章制度具有高度的指导意义，符合当前的国家经济政策发展形势；其次必须遵从所涉及行业的规范标准，这些行业标准都是经过时间和工程检验的，符合行业发展的时代要求；最后还必须遵从实践所在地域的习俗传统，实践的完成和实现离不开其生存的土壤，离不开其中的历史文化印记，否则便成了无源之水、无本之木。

（2）全面性

"景观生境共同体"规划设计实践体系项目类型多样，涉及领域不同，实践采用的规划必须具有全面性，系统而不能有所缺失，也不能以偏概全。必须收集项目所涉及的各种规划，包括不同层级、不同行业，并针对具体实践的特点，厘清不同规划产生的影响，找出其中的内在联系，梳理出主次矛盾。

（3）针对性

"景观生境共同体"规划设计实践体系，因实践具有较强的专业性，不同实践由不同专业主导，因此规划的选用必须有针对性。总的来说，区域规划、控规、专项规划与现实差异较大的，指导意义更强。规划类项目依据宏观总规与相关专业系统规划相结合；设计类项目宜采用控规和相关专业规划相结合；单一专业的规划设计中，必须结合总规、控规及专项规划进行综合分析。

（4）前瞻性

"景观生境共同体"规划设计实践体系，是生态文明理论的实践体系，是国土空间规划实施的支撑。实践选用的规划必须具有前瞻性，采用的规划标准必须"保先"，不能采用过去的标准、跟不上时代发展。不能采用老旧的标准体系以及相关落后的技术参数，以免影响项目的完成标准。实践选用的规划必须具备引领作用，坚持科学发展、与时俱进，为未来发展预留空间，放好提前量、坚持可持续性。

2) 规划的解析

在景观生境共同体的规划设计实践体系构建过程中，需要将收集的规划信息结合建设项目的实际情况，根据各个层面的客观需求进行系统性分析，逐一甄别、整理，最终形成具有可实操性的指导性意见。

（1）分清主次

根据项目自身的专业属性来确定产生主要影响的规划，即在项目实施中起到主导作用的规划，或者是因有特殊需求、特殊情况必须引起重视的规划。而在实施中属于次要因素的规划，也不能忽视，尽管其不是主要决定因素，但却不可或缺，因为其是城市规划系统的一份子，是系统上的一环，不能缺失。

比如水环境类型项目，因其涉及面广、规模大、影响因素多，在规划方案策划中首先必须抓住主要因素。流域性水体、河道环境综合治理在一定区域内水质、水量影响项目的环境质量，流域内水系流经地域广、污染源头多，治理力度不一致，因此，需要首先考虑本区域内的相关水系网络规划、城市排水规划、周边用地规划等，根据现场情况，找出污染源头，提出针对性措施，联合不同地方，初步形成治理方案。而与项目相关的绿地系统、慢行系统、城市空间规划等在本项目中属于次要因素。当然，并不能忽视这些相对次要的影响因素，需要在保证治理好河道水系环境质量的基础上，将沿线景观、绿化与城市空间融为一体，成为城市绿色网络的一部分。同样，河道水体沿线的慢行步道也不能忽略，其也是城市慢行系统的重要一环。

（2）融合协作

在具体项目建设中，应根据实际情况具体问题具体分析，有时辅助专业也会因其特殊性起到主导作用，因此在实操过程中，必须注意不同规划之间的相互融合协作。在不同历史时期、不同地域环境下，不同项目有不同的实际需求，而且这些要求也会根据时代背景、经济发展等情况发生某种转化，因此，必须注重不同规划的融合协作。

比如街巷更新类项目，一般来说，可能首先要考虑交通状况，要遵守城市交通专项规划的功能需求，其次才考虑街区本身具有的地域特征，是否满足城市总体规划中分析定位。而当城市发展对原有街区进行重新规划或者重点打造时，交通需求可能变为次要因素，文化特征、经济发展则可能会变为主要影响因素，需要从业态、经济、文化等层面分析相关规划，来满足新的发展形势。

3) 规划的引领作用

在景观生境共同体的规划设计实践体系构建过程中，需要规划来引领，通过规划的顶层设计、系统思考、统筹谋划、科学布局，从纷繁复杂的众多规划中，准确地抓住重要信息，找出项目的准确定位，从而指导具体设计，实现"规划未来、引领现在"。

（1）服从各级各类规划——地理轴

规划引领要求项目服从本地域的各级各类规划，找到项目所处的地理轴。从总规、控规中把控宏观发展方向，在详规、专项规划中，满足具体指标要求。首先根据国家制定的长期方针策略，把控项目在总体规划层面上的走向；然后结合地方出台的控规，制定项目符合地方发展的方案策略；最后再根据区属修编的具体控制措施（详规、专规），形成可实施的技术路线。

通过满足不同层级的规划要求，结合地域风貌特色，给出满足现状的项目定位。

（2）寻找历史现实位置——时间轴

通过规划引领寻找项目的历史及现实定位，找出项目所处在的时间轴。必须在历史中寻找文化底蕴，在现实中定位发展。首先要研究项目在过去历史中的位置及作用，研究项目所处地域的文化、历史、风俗，提取可以传承的基因和元素；其次要分析项目的当下现状，充分考虑生态环境变化、城乡空间发展、人居环境需求的变化所带来的影响，满足适应时代发展的功能需求；最后要满足项目在未来发展中的作用和地位，实现人与自然和谐共生、生态保护修复和可持续发展。

（3）准确抓住项目定位——四维网络

规划引领，就是为了准确抓住项目的定位。在地理轴和时间轴构建的四维网络中，寻找到最适合项目的定位。首先，依据国家"三区三线"规划、国土空间规划，从区域协调发展、城乡发展格局构建的角度，结合地区产业结构调整，衔接项目所处区域的空间发展规划。其次，结合项目所处区域的生态环境开发、保护、修复和开发、利用，融入各类景观生态廊道，建立生态安全屏障。再次，构建集污水、垃圾、固废、危废、医废处理处置设施和检测监管能力于一体的环境基础设施体系，形成由城市向建制镇和乡村延伸覆盖的环境基础设施网络。加强城市基础设施建设，完善配套设施体系。最后，完善城市文化旅游开发，加强文化旅游热点打造，满足人们不断提升对文化生活的需求，实现人与自然的和谐共生（图5.2）。

图5.2　商丘市古城湖文化旅游项目规划实施效果

5.4.2　景观导向

景观生境共同体的构建需要以景观为导向。景观导向就是用马克思主义系统性思维来认识、研究生境共同体，发现主体和研究对象之间的内在逻辑与联系。

新时代生态文明建设与景观有着千丝万缕的内在联系，只有通过景观来主导，利用景观专业的广泛基础、多重审美及与其他专业的紧密联系，同时采用景观的系统性思维，在项目前期及时发现矛盾、化解矛盾，才能处理好研究对象与周边环境的关系，才能以生态优先思想贯彻研究全过程，才能实现景观的人文精神追求、体现景观美学的内涵。研究对象不是冰冷的场所，而是历史文化的传承地，是生态环境的修复地，是自然景观的保护地，是城乡环境的宜居地。

1）景观导向的意义

景观导向在景观生境共同体建设中具有重要的地位。景观生境共同体建设涉及面广，涉及专业多，影响因素复杂，如果不能形成一套合理有效的实践方法，容易产生主次颠倒、逻辑混乱、杂乱无序等问题。利用景观来主导，是因为只有景观专业与建设涉及的绝大部分专业有着广泛的联系，而且景观涉及人文、工程、艺术等多个领域，能够更好地发挥协调作用，并注重多重审美。

（1）基础广泛

生态文明建设范畴广泛，从生态环境治理到城乡经济发展，从基础设施建设到人居环境改善等，这些生境共同体建设都离不开景观行业，因此景观具有广泛的基础性。景观活动并非仅是配合，通过分析可以看出景观专业贯穿建设活动的全过程，从前期对接上位规划，到概念方案的形成，再到项目方案的方向把握，以及在实施过程中的各种矛盾协调，都离不开景观专业。

（2）审美多层

景观生境共同体建设活动涉及不同的行业，如何完美呈现最终的实施效果就显得非常重要，因为这不是简单的审美叠加。像景观生境共同体中的建筑，一般以其个体为中心，尽管注重自身审美，但其与周边场地、环境更多的是被动关系，难以协调整个场地效果；像市政行业的道路、给排水等专业线条化明显，更多注重的是解决工程层面的问题，关心自身专业的实施，不注重最终的美观呈现；水利工程也是如此，其主要关心的是安全问题，对审美没有什么硬性要求。面对如此纷繁复杂的专业审美交叉，如果景观专业不能一开始就主导方向，将其作为最后一道工序接手工作时就是一个烂摊子了。

只有通过景观主导方向，才能把各专业的矛盾在前期方案阶段就协调解决好，从而保证景观生境共同体建设的审美效果。

（3）专业联系

景观专业的应用范畴在新时代生态文明建设过程得到极大拓展，这是因为景观专业与其他多种专业具有紧密的联系性，它们一起紧密协作构成景观生境共同体的实践。不论是自然生态环境层面的山体矿坑修复、海岸线修复、森林保护、生态旅游、生态湿地保护、草原生态保护、棕地环境修复等，还是人居环境层面的城乡市政设施建设、公园绿地、河道水环境治理、美丽乡村建设、特色小镇建设、海绵城市建设、田园综合体规划等，这些规划设计、建设活动都离不开景观专业。在具体的专业配合上不论是建筑、结构、给排水、道路、桥梁，还是生态、水利、电气、环艺等，只有通过景观专业才能够将其他所有专业相互搭接配合。因此景观专业具有极强的专业联系性，有利于主导景观生境共同体的构建。

2）景观导向的目的

通过景观主导景观生境共同体的建设，能够形成统一的生态优先思想，解决各专业之间的矛盾，呈现最美观的建设效果。

（1）形成统一思想

景观主导能够利用景观系统性思维，从整体出发，从全局出发，统筹协调实现统一目标。不同的生态文明建设活动，涉及的城乡发展、社会矛盾、专业层面不同，在没有形成"景观生境共同体"理念之前，各个专业都以自身为主，认为自身更重要，忽视甚至歧视其他专业。利用景观来主导，能够高屋建瓴，从整体性、系统性来考量各个专业的实际问题，有效协调、统筹兼顾，有利于形成统一目标，确保建设的顺利进行。

（2）协调解决矛盾

不同的专业有着自身的实际需求，在不同建设活动中，各个专业的侧重也不同，运用景观系统性思维，能够将建设活动看成一个整体，为了保证整体的利益、效果，各个专业在具体实施中应有所妥协。通过协调解决各个专业之间的矛盾、问题，实现建设活动的共同利益。景观专业能够延续上位规划思想，传承历史文化，协调城乡空间格局，实现经济发展思路，融合地方建筑风格，完善市政基础功能，优化美化环境，实现人与自然的和谐共生。

（3）实现最大效益

生态文明建设活动是一个综合而复杂的过程，不同专业、不同行业、不同部门交织在一起，因为归属部门的不同、建设时序的不同、各自利益的不同，往往会造成项目重复开挖、重复建设，多头管理、互不统属、利益纠葛、互相扯皮等一大堆问题。利用景观来主导，能够从顶层设计，归口到一个专业，统筹考虑，梳理建设先后顺序，系统协调各个专业的交叉组织，给不同专业预留出足够空间，避免各专业相互设限，实现最大化的经济效益和社会效益。

3）景观导向的方法

景观生境共同体的构建需要景观来主导。利用景观导向，采用以功能为基础、以生态为前提、以文化为灵魂、以共生为目标的原则，通过场所、空间载体，保证安全，满足人民日益增长对美好生活的需求。

（1）功能为基础

景观主导首先要以功能为基础。景观专业集合了各专业的实践，解决实际问题，综合考虑、合理梳理，做好各专业衔接。集思广益、集体决策，将各专业的问题放到一起，在满足各专业功能、保证质量要求的前提下，协调融合、统筹考量，避免各专业的固执己见，从而实现建设活动的基本要求。

（2）生态为前提

景观主导应以满足生态需求为前提。景观生境共同体规划设计实践体系区别于其他生态建设活动的主要特色，就是将生态思想贯穿到建设活动的每一个环节，运用生态思想，采用技术手段，运用新型材料，采用新工艺，将各专业协调配合，形成人居环境的生态化发展。

（3）文化为灵魂

景观主导还要以历史文化为灵魂。景观生境共同体的构建以景观主导能够实现历史文化的有序传承和延续，建设活动不再是冷冰冰的石头、钢筋混凝土，不再是死气沉沉的土木工程。景观主导能够将城市的文化记忆与空间发展，基础设施建设和生态保护与美化更好地结合起来，形成景观生境共同体，实现地域性文化的延续与发展。

（4）共生为目标

景观主导的景观生境共同体建设活动，将文化、功能、工程、生态融为一体，而不是各自为政。道路挖了一遍，再搞一遍排水，再来一遍绿化；那个地方加一个文化宣传栏，这个地方再放个雕塑，然后再铺设电信网络线，那边再种几棵树……如此乱象该结束了。景观主导的景观生境共同体建设，以人与自然和谐共生为目标。

生态文明建设需要以"景观导向"的"景观生境共同体"规划设计实践体系，这是因为利用景观系统性思维，能够上承规划，传承人文历史，衔接经济发展需求，服务城乡建设；运用生态性思想指导工程建设，实现人与自然和谐共生，服务于"美丽中国"建设（图5.3）。

图 5.3 景观思维导向的溧水金龙山景观绿廊规划设计

5.4.3 专业协同

景观生境共同体的构建，需要在系统性的框架下通过多专业协同以解决实际问题。不同学科、不同专业之间的协调、协作形成拉动效应，推动共同体建设发展和完善。对研究对象双方或多方而言，协同的结果使个个获益，整体加强，共同发展。

不同的生态文明建设实践具有不同的属性，在具体的主导地位与从属地位的协同中，相同的专业因其所处地位不同，其起到的作用不同。在景观生境共同体的广泛实践中，生态环境的修复，自然风景的保护，人居环境的打造等，需要多专业相辅相成，协同支撑。

1）专业的构成

作为生态文明建设的重要支撑，园林景观行业因其特有的广博范畴，涉及不同行业的建设内容，从建筑到市政，从农业到林业，从交通到水利，从工业到矿山……。在实施阶段，也是从咨询到规划，从设计到施工贯穿全过程；在专业上，更是与规划、建筑、道路、桥梁、给排水、结构、电气、照明等密不可分。

（1）专业广度

在景观生境共同体的构建过程中，决不能仅从单一专业自身出发，必须高屋建瓴，从体系、系统出发，统筹兼顾，协调实施。每个项目都涉及太多的专业，不是哪一个专业就能独自完成项目，需要多专业协同作战。例如水环境项目，除了常规的给排水专业，还涉及水质、水利、结构、生态、景观、植物、建筑等；像城市更新类项目，则包括建筑、结构、道路、景观、给排水、植物、桥梁、照明等。这些专业都在项目中起到不同程度的作用，缺一不可，必须处理好各专业之间的协调统一。

（2）专业深度

景观生境共同体涉及专业不仅广泛，而且具有专业深度要求。不同的项目主要问题不同，侧重方面也不同，对于同一专业，在同一类型项目中也会因为项目规模、场地条件、建设因素、实际需求等差异起到的作用也不同，这就对专业的深度提出不同的要求。比如黑臭水体治理，有的项目水体黑臭原因单一，需要专业知识及技术手段就简单，有的项目黑臭构成原因复杂，可能是多重因素共同影响产生的结果，就必须多管齐下采用复杂的工艺才能解决问题。

（3）专业关联度

景观生境共同体项目涉及的各个专业并不是孤立的，它们具有广泛的关联度。如今的生态文明建设涉及方方面面，必须用新时代新发展理念来统筹考虑；项目建设是系统工程，不同的专业相互之间联系非常紧密。推进城市更新离不开建筑立面改造，要系统规划道路路面的重新划分与出新，进行雨污管线的重新布置，也离不开地域传统文化的融入，景观绿化的立体打造，城市空间格局重新塑造等。

（4）专业融合度

在景观生境共同体的构建过程中，必须用系统性思维将各个专业融合起来。在这方面，景观专业具有得天独厚的优势，因为景观专业既能参与到前期的策划、规划、咨询中，去研究人文历史、城市空间、经济发展等，也能参与到具体项目的建设实施中，去统筹建筑、给排水、道路等专业。比如文化旅游类项目，除了从规划方面考虑，还需要了解城市的历史，考虑地域文化传统风俗，了解城市记忆、城市的发展格局，形成文化旅游概念，对接城市的交通体系、河道、绿道等，并注重建筑风貌，解决实际需求。

2）矛盾的主次

景观生境共同体的构建，在专业协同过程中必须找到影响项目实施的要点，找到产生矛盾的主体，对症下药，才能有的放矢、事半功倍；否则容易陷入相互推诿、相互扯皮的境地，既白白耗费大量精力，又严重影响项目质量。

（1）主要矛盾

在生态文明建设过程中，生境共同体涉及面广，专业复合程度高，必须首先抓住项目的主要矛盾，具体表现为项目要解决什么主要问题。比如水环境项目，是以控源截污、水质治理、生态修复为主要矛盾；城市更新类项目，则以建筑立面出新、景观环境整治、配套功能完善为主要矛盾；生态修复类项目，以生态治理、环境修复、场地整治为主要矛盾。当然主要矛盾是表现最突出、最急需解决的问题，主次矛盾也可能会随着条件的变化而发生转化。

（2）次要矛盾

次要矛盾并不是不重要，而是在项目进程中处于次要地位。比如在公共景观建设过程中，相对于景观规划、人文理念、空间营造来说，建筑设置、道路串联、水体布局这些都属于次要问题，但是这些内容也非常重要，往往有画龙点睛的妙用。在规划方案阶段，也需要兼顾次要矛盾来协调统筹。比如在文化旅游项目中，道路、水体、绿化等廊道虽然是次要矛盾，但是并不能忽视其作用，必须要进行总体把握，不能等治理好水体再来规划景观、衔接城市发展、打造人文景观、完善基础设施，这些内容都是相辅相成、协调统一的。

3）协同的方法

在景观生境共同体构建中，专业协同必须发挥重要作用。必须以景观系统性思维来统筹各专业，以生态性思维来解决各种问题，从而发挥景观生境共同体的强大作用。

（1）统领主体

景观生境共同体的构建要以景观来统领项目，因为景观涉及方方面面，既参与咨询、规划等前期工作，又和建筑、市政、水利等行业、专业有着千丝万缕的联系，同时景观系统性思维能够统筹历史文化、城市发展、空间格局、功能完善等各方面，而不像建筑是单体行为、市政是单线条思维、水利仅仅考虑安全，如此等等。因此，尽管一些项目建设中景观不是主要内容，最好也由景观专业来统领项目，只有以景观系统性思维来综合考虑项目的各个层面，才能实现人文、历史、经济、空间、发展、安全、功能、美观、耐用、舒适的完美结合与呈现。

（2）专业配合

确定了景观来统领项目以后，其他专业需要服从景观的协调统筹。这是因为景观专业在规划设计过程中，已经分清主次矛盾，协同了城乡建设、人文传承、经济发展、人居环境等各方面因素，各专业也提出自身的实际问题，并结合其他专业的意见提出了相应的解决方案，只要根据专业实施的先后顺序，进行认真配合，就能实现景观生境共同体的建设。

（3）矛盾的辩证统一

在构建景观生境共同体过程中，必须抓住项目的主次矛盾，利用景观系统性思维来协调统筹，从而实现矛盾的辩证统一。项目的主要矛盾和次要矛盾都是项目成败的决定因素，主要矛盾并不一定是项目的统筹方，次要矛盾也可能成为项目的牵头方。要以系统性思维来看待项目的矛盾，通过专业的协同解决各种矛盾，理清主次内容的实施次序，不能过分强调个体，而不注重与其他专业的协同，否则会给项目实施带来不可估量的损失。

新时代的生态文明建设对景观行业提出了更高的目标和要求，通过专业协同来建设的景观生境共同体规划设计实践体系，在本体功能完善层面，多专业协同支撑蓝、绿、灰色基础设施建设，助力中华民族伟大复兴的"美丽中国梦"（图5.4）。

图5.4　南京市江宁区段秦淮河景观体现出的安全、生态、宜居

5.5　构建内容

新时代的生态文明建设内涵广泛，景观行业责无旁贷。在服务于景观生境共同体建设过程

中，景观行业主要协调解决包括历史文化传承、城乡空间塑造、产业业态布局、生态环境修复、基础设施建设、公共服务提升等不同维度的核心建设内容。通过对这些核心内容的研究分析、规划设计、建设运维，来满足人民日益增长的美好生活需求，实现美丽中国梦。

5.5.1 景观行业的时代任务

景观行业的新时代任务就是要实现人与自然的和谐共生。从风景园林到景观的转变转化，不止表现在概念的变化，还包括内涵到外延的转变，要从风景园林放大到景观所涉及到的规划、生态、市政等景观生境共同体建设全过程。在新时代的社会发展进程中，景观行业需要根据时代需求和社会发展要求进行创新、发展、重塑，以文化传承创新为灵魂，以城乡空间发展为载体，以产业融合发展为根本，以生态保护修复为原则，以基础设施建设为抓手，以提升公共服务为方向，以人与自然的和谐共生为根本目标，以满足人民的美好生活需求。

1）"天人合一"思想

中国传统文化向来注重人与自然的关系。先秦诸子虽然各立宗派，但其根本上都认同人与"天"的和谐关系。孔子曰"天何言哉？四时行焉，百物生焉，天何言哉？"，孟子云"尽其心者，知其性也。知其性，则知天矣。"，儒家肯定天道与人性的统一性，人性源于天性，也是儒家天人合一的基本含义；老子说"人法地，地法天，天法道，道法自然"，庄子认为"天地与我并生，而万物与我为一"，道家的天人合一体现了一种"无我"，表现出对自然之爱，肯定自然的内在价值，认为只有把人融合于自然界才能达到人与自然的和谐，认为要通过"无为"的方式来实现；后世舶来的释教，则认为"万物皆有佛性"，即使没有情感意识的山川、草木、瓦石都具有佛性，禅宗更是强调"青青翠竹皆是法身，郁郁黄花无非般若"，因为佛家的"天人合一"理论是建立在缘起论基础上的，把人与自然的关系归纳为"无情有性，珍爱自然"。

汉代以"罢黜百家，独尊儒术"闻名天下的董仲舒，结合先秦以来的阴阳、五行学说把自然界和社会人事联系成整体，建立了"天人感应"的完整理论体系。他说："天地人，万物之本也。天生之，地养之，人成之。"剔除其中的迷信思想，其理论以"天人感应"为重心，把人与天做类比，阐述了"天人相副"的理念。宋元以来，张载提出："儒者则因明致诚，因诚致明，故天人合一。"程颢主张"万物一体"说，周敦颐的《太极图说》、邵雍的《先天图》，王阳明的"一体之仁"说等，都被认为是"天人合一"思想的发展延续。

2）"天人合一"思想在生态文明时代的表达

进入生态文明时代以来，国家经济建设从高速度向高质量转变。坚持构建新发展格局，坚持以创新、协调、绿色、开放、共享的发展理念为引领，高效推进生态文明建设是当前一个时期的主要任务。景观行业在新时代拥有更为广阔的天地，景观系统性思维下的人与生态环境是一个共同体，以不断满足人民日益增长的美好生活需要为目标，实现人与自然的和谐共生。

人与自然和谐共生，是古代"天人合一"思想在生态文明时代的表达。"天人合一"思想蕴含着天人协调的积极因素，强调人与自然的和谐，强调人在自然中负有保护环境的主体责任，要尊重自然，尊重天道之规律。人与自然是同一时间、空间下的共同组成部分，和谐是指多样统一和有序运动，共生是指共同伴随共同生长，这一切要求达到人与自然、与生态环境实现统一有序的运动，从而共同生长，表达人与自然环境休戚与共、共存共生。新时代的生态文明思想强调在重视生态环境保护的基础上，将生态环境与经济发展有机统一起来，从而赋予"天人合一"思想以新的时代内涵，成为习近平新时代中国特色社会主义思想的重要内容。

3）生态文明建设的时代任务

新时代的生态文明建设对景观行业的发展提出了更高的要求。以人与自然和谐共生为根本目标，以马克思主义系统性思维为总领原则，统筹兼顾国土空间的蓝、绿、灰色基础支撑系统，赋予其诗情画意的精神内涵，以"规划引领，景观导向，专业协同"为科学方法，构建"景观生境共同体"规划设计实践体系，能够统筹历史文化传承、产业业态布局、城乡空间塑造、生态环境修复、基础设施建设、公共服务提升等不同维度的核心建设内容，通过多行业、多专业交叉协作与优化，保障高质量的实施，更好发挥景观行业的价值，助力生态文明建设，建设美丽中国。

5.5.2　景观生境共同体建设过程中常见问题

中国特色社会主义进入新时代，我国社会主要矛盾已经转化为人民日益增长的美好生活需要和不平衡不充分的发展之间的矛盾。景观行业在景观生境共同体建设过程中也遇到了很多问题，主要体现在指导思想、规划理念、建设实施、运营管理等方面。

1）指导思想

先进正确的指导思想是一切行动的指南。如果没有遵循国家发展政策，没有遵守生态文明理论，没有深刻学习人类命运共同体、绿水青山就是金山银山等理论，就不可能理解当前时期国家的主要任务，不能理解生态文明的根本意义，不能掌握新思维新方法，更不可能传承创新，甚至是瞎创新，也就无法解决景观生境共同体建设过程中遇到的现实问题。

如果没能从当前的国际大环境着眼，没能从国家发展的宏观视角出发，而是一心只想发展经济，枉顾地区生态环境的实际情况，就会造成遗祸后来者的不良后果。如果不能认真领会文化自信的精神，不能从传统文化中汲取养分，就不可能讲好故事，甚至瞎编乱造故事并称之所谓文化。如果不能从区域协调发展的角度出发，只局限在自己的小尺度小空间里，就会一叶障目不见泰山，造成业态重叠、建设重复、铺张浪费。因此，景观生境共同体建设必须坚持先进正确的指导思想。

2）规划理念

与时俱进的规划设计是指引发展的一盏明灯。如果不能从宏观层面进行规划设计，不能运用先进适用的规划理念，对城市发展没有预见性，就会造成城市的无序发展、破坏性发展；如果没有长远规划，或者不能执行长远规划，朝令夕改、偏重领导意识，就没有发展连续性，无法实现发展设计意图；如果没有科学地因地制宜协调人与自然、业态布局、城市空间等因素，对上位规划没有有效呼应，或者脱离实际，就会造成破坏性发展。因此，景观生境共同体建设必须坚持与时俱进的规划设计理念。

3）建设实施

切实可行的实施方案是理念贯彻的前提保证。如果只分析了问题但是没有解决，或是提出了概念但是没有落实，那都无法实现规划设计意图。比如规划设计中提出许多生态、海绵城市分析，但是没有具体的实施措施，或者没有有针对性的方案，那就无法解决实际问题。或者过于偏重建筑及雕塑设计，对植物研究、设计不够，对生态环境还停留在硬质景观的认知阶段，那么就无法形成生态环境的修复与保护。除此以外，设施布置不完善，缺少人文关怀，比例不当，设置位置不合理，甚至部分区域、部分种类缺失，都无法满足人民日益增长的对美好生活的需求。因此，景观生境共同体建设必须坚持贯彻落实切实可行的实施方案。

4）运营管理问题

长期有效的运营管理是实现高品质生活的保障。景观生境共同体的建设还包括后期的维护、养护，以及相关场所设施的运营管理。生态文明建设是个长期持续的过程，并非是建设完成以后一切就结束了，其后的设施维护、绿化养护、场所保护、环境质量保障等都需要持续性的跟进，而不是简单地做完了事。如果后期服务跟不上、管理跟不上、意识跟不上，即使设施再新、绿化再好、环境再美，也会很快衰败下去。因此，景观生境共同体建设必须坚持长期有效的运营管理。

5.5.3 景观生境共同体构建的核心内容

景观生境共同体的构建，要坚持马克思主义唯物论的历史观，运用马克思主义系统性思维，分析、解决建设发展带来的诸多生态环境问题。景观生境共同体体系主要包括以下核心内容：历史文化的传承——创新创造、城乡空间的塑造——协调发展、产业业态的布局——产业融合、生态环境的修复——共保联治、基础设施的建设——统筹规划、公共服务的提升——普惠共享。

1）传承历史文化

中华民族有着五千年的历史，传统文化源远流长，从未中断。然而近代中国却陷入了半殖民地半封建社会，虽然拥有灿烂的文化，但却没有能改变国家的命运。自马克思主义传入以来，我们共产党人将马克思主义思想和中国的实际结合起来，通过革命、建设、改革，实现了中华民族的再次兴盛，社会主义文化建设也如火如荼。在此过程中，中国文化经历了自觉、自信、自强以及向外传播的不同阶段，社会主义文化需要坚持马克思主义的立场、观点、方法，中华优秀传统文化亟需创造性转化和创新性发展，同时根据自身的发展需要不断吸收外来文化的优点，从而取长补短、融为一体，形成具有中国特色的文化体系。

景观生境共同体文化建设必须以马克思主义为指导，以社会主义核心价值观为中心，以中国传统文化为根，以外来优秀文化以资源，建立具有时代特征的民族特色和社会主义特色文化体系。文化意义的植入要选择真实的历史原型，不能虚构人物，用真实人物来演绎故事才符合常理；历史事件背景及表现形式要符合地域特点和时代特征；文学经典演绎不违背伦理道德，符合时代发展的价值取向；神话传说和民间故事的人物选择和故事演绎符合社会主义价值观，具有推广性，符合新时代群众的文化需求。

（1）文化传承的必要性

中华优秀传统文化是中华民族经历千百年的艰苦奋斗和积累沉淀下来的，我们必须将之继承和发扬。中华文化特点是源远流长，具有持久性、不间断和积累性，商周典籍，战国诸子百家，汉代雄风，盛唐气象，两宋风度……中国文化具有巨大的影响力，在东亚范围内形成了儒家文化圈。中华优秀传统文化的作用，就表现为它在塑造一个民族的性格和民族精神上具有深远影响，表现在它的基本精神和智慧为后世子孙克服困难、自强不息提供精神动力和思想源泉。

任何时代人的文化创造活动都不可能脱离传统。从时代角度看，只有符合时代需要、有利于时代进步、有利于民族文化的发展和提高，才是真正对中华优秀文化遗产的继承。中华传统优秀文化有利于社会主义道德建设，其强调以为人民服务为核心，以集体主义为原则，以爱祖国、爱人民、爱劳动、爱科学、爱社会主义为基本要求。在文化自信中，我们既要重视继承传统文化，又要重视继承红色文化，红色文化凝结了中华民族的优良传统，是中国传统文化的积极成果在新形式中的延续和再创造。

（2）文化创新的必要性

中华传统文化虽然流传有序、博大精深，但在其发展过程中不可避免地融入有糟粕，因此我们不能照搬照抄，而要批判式继承，去其糟粕、取其精华。坚持马克思主义的观点、立场、方法去分析新时代的文化需求，实现社会主义优秀文化的创造性转化和创新性发展。创造性转化，就是要按照时代特点和要求，对那些至今仍有借鉴价值内涵的陈旧表现形式加以改造，赋予其新的时代内涵和现代表达形式；创新性发展，就是要按照时代的进步和发展，对中华传统文化的内涵加以补充、拓展、完善，增强其影响力和感召力。

最有生命力的文化是传统和现代的最佳结合，既继承传统，又推陈出新，生生不息。在坚持深入挖掘阐发中华传统优秀文化精髓的基础上，结合时代需求进行改造、提升、创新和发展，赋予其新的生机与活力。结合新的社会实践和时代发展要求，从新视角阐发其时代价值与意义，不断补充、丰富、更新和发展优秀文化的内涵。在景观生境共同体建设过程中，一方面通过丰富表达方式、重构时尚元素、开发设计审美、融合行业边界等进行文化内涵创新；另一方面，通过数字化、虚拟现实、全息影像、人工智能等科技手段进行文化感知创新。

（3）文化吸收的必要性

马克思主义与中国实际相结合，中国传统文化也得到发展。中国传统文化倡导和而不同，具有海纳百川的包容性，是最能吸收外来文化的。中国文化历史上既有西学东渐，也有东学西渐，从传统文化的性质和内容说，中国传统文化具有能够与马克思主义相结合的内在特质，中国传统文化由于马克思主义的指导而实现符合时代需要的现代性转化。中国提出的"一带一路"倡议，不仅是一种经济交往，也是一种文化交往，千百年来，丝绸之路在民族文化交流中留下许多辉煌的篇章。

社会主义文化并不排斥西方文化、外来文化，而是根据实际需要，在坚持马克思主义思想的前提下，有选择地吸收西方等外来文化的元素、形式、媒介。通过吸收外来文化元素来丰富表现内容，通过吸取外来文化表现形式来创新发展，通过采用外来文化媒介来传递社会主义核心价值观，这些都实现了文化创新和发展。

2）优化城乡空间

新时代的高质量发展对城乡空间塑造提出更高的要求，要构建以区域协调发展为目标的国土空间总体规划，通过以县域为中心的新型城镇化，以及根据地域乡村实际情况提出有针对性的振兴策略，实现优化城乡空间的目的，保证城镇空间、农业空间、生态空间划定的城镇开发边界、永久基本农田、生态保护红线三条控制线的安全，逐步实现全体人民共同富裕的发展目标。

景观生境共同体城乡空间建设，需要从宏观、中观、微观层面来优化。

（1）宏观层面

宏观层面，需要从全要素空间资源综合治理的角度，在国土空间规划中运用系统性思维、坚持区域协同、陆海统筹、城乡融合。通过协调国内城市群、城市带、城镇群等，构建以县域为中心的新型城镇化、城乡一体化，促进城乡融合发展，进一步优化城乡国土空间，实现生态、生产、生活和谐优良的三生空间格局。同时应充分考虑自然条件、历史人文和建设现状，尊重地域特点，延续历史脉络，结合时代特征，传承空间基因，满足人民日益增长的对美好生活需求，不断提升人民群众的安全感、获得感和幸福感。

（2）中观层面

中观层面，需要遵循区域观和整体观，运用城市设计思维，协调城镇乡村与山、水、林、田、湖、草的整体空间关系，整体统筹生态、农业和城镇空间全域全要素，强化整体空间秩序。结合自然山水、历史人文、公共设施等资源，建设组织合理、结构清晰、功能完善的区域蓝绿空间网络。针对不同地域城镇乡村的特点，结合功能分区以及主体功能区、中心城区、重点地区等，协调人居环境建设与区域自然生态、历史人文资源之间的关系，进一步塑造、优化、完善城乡空间格局，发挥景观生境共同体更大效能。

（3）微观层面

微观层面，需要尊重上位规划特色发展目标，构建特色空间结构，优化片区空间形态，加强场所营造。尊重自然山水、本底环境的原有肌理，充分挖掘场所文化特色和精神内涵，结合服务设施布局、绿地系统等营造人性化公共空间。从公众的体验和需求出发进行空间格局的塑造。加强对建筑物构筑物体量、界面、风格、色彩等要素的控制，综合考虑地下地上空间一体化设计。尽量减少大面积的开挖和堆土，实现土方平衡，采用多种形式处理高差变化，构思精巧的平面布局（不为构图而构图），注重山、水、场地、绿化的面积比例。提炼地域性的文化特征，鼓励将本土材料、传统技艺与现代技术方法相结合。

3）完善业态布局

我国目前进入高质量发展阶段，2021 年 GDP 超过 100 万亿元。尽管已经成为世界第二大经济体，但因疫情黑天鹅事件等原因造成的"逆全球化"仍给我国经济发展带来很多难题。因此，必须把实施扩大内需战略同深化供给侧结构改革有机结合起来，以创新驱动、高质量供给引领和创造新需求，加快构建以国内大循环为主体、国内国际双循环相互促进的新发展格局，进一步提高区域协调发展，实现业态融合增长，促进一、二、三产业平衡，实现人、城、境、业共生发展。

景观生境共同体建设要优化完善产业业态布局。宏观上依据国家国土空间规划、城乡空间规划和区域协调总体布局，进行城乡产业结构的调整、迁移，避免产业重复、资源浪费，实现产业的协调布局。微观上结合项目本身，充分对接片区产业发展诉求，优化产业空间布局；同时充分考虑周边环境以及自身环境，结合实际需求，进行总体设计布局。

（1）规划层面

在保护生态环境的前提下，根据构建以国内大循环为主体、国内国际双循环相互促进的新发展格局，继续推进供给侧结构改革，以新需求牵引新供给，进行产业结构调整，优化产业结构布局，将不同需求的业态融入城市、融入环境之中。通过产业结构调整，既要实现科技含量高、经济效益好，还要保证资源消耗低、环境污染少，同时还要安全有保障、人力资源优势得到充分发挥，以真正实现经济增长方式的根本转变。

成都公园城市方案提出坚持把践行新发展理念的公园城市示范区作为统揽，以新发展理念为"魂"、以公园城市为"形"，加快建设创新、开放、绿色、宜居、共享、智慧、善治、安全城市。成都市把构建以产业生态化和生态产业化为主体的生态经济体系，作为建设公园城市的物质基础和重要支撑，围绕"5+5+1"现代产业体系，按照"主体鲜明、要素可及、资源共享、协作协同、绿色循环、安居乐业"的要求构建起具有全球竞争优势的 14 个产业生态圈，加快转变产业发展和经济工作组织方式，依托生态资源推动产业转型、动能转换，打造基于绿色的全产业链、创新链、供应链，引导产业形态向绿色、高效、集约方向发展。具体实践中关注以下要点。一是构建完整产业生态体系。促进产业集聚、成链发展。推动产业纵向延伸、横向嫁接、跨界融合，聚焦主导产业集聚集群发展，推动跨地区、跨行业、跨所有制合作重组，建立产业生态云平台。二是提升高品质生产生活配套。推动现代化生产性服务功能区集聚协同发展，超前布局生产配套设施，加快布局新一代信息基础设施，结合产业发展实际需求，前瞻化、差异化、共享化布局商业、文化、体育、教育、医疗卫生等生活服务配套。三是全力培育创新生态链。积极争创综合性国家科学中心、国家产业创新中心，争取更多国家重点实室、国家技术创新中心、国家制造业创新中心等国家重大创新平台布局。四是提高开放性经济水平。以世界眼光打造投资贸易平台。

（2）设计层面

产业结构调整是推动新型城镇化的支撑力量，产业结构的生机与城镇化的空间布局和需求拉动息息相关。推进城镇化，应坚持城市发展与产业成长"两手抓"，把城镇化与调整产业结构、培育新兴产业、发展服务业、促进就业创业结合起来。大城市、经济发达地区，逐步推进传统产业向先进制造业和现代服务业转型升级。传统劳动密集型产业逐渐由发达地区向要素成本低的小城市、西部地区转移。中小型城市地区，推进产业集聚发展，提高产业层次和水平。走主动型城镇化的路子，就是要做好城市规划设计和产业规划设计，优化城乡的功能布局，筑好城市的"巢"引进产业的"凤"，以城镇化带动产业化，实现产业化与城镇化的良性互动发展。

在具体项目实施过程中，需要根据上位规划进行业态的布置。结合周边环境，精心设置业态布局，使之成为平面布局上的点睛之处，同时需要与周边建筑环境的风格相协调。建筑小品的位置、高度选择，需要能够融入环境，因为建筑小品的体量在不同的区域展示效果不同。建筑小品所采用的材质，也需要与整体环境相融合。

4）注重生态保护

生态文明是人类文明发展到高级阶段的必然产物。真正的生态文明是实现人与自然的协同。保护生态就是为了实现对自然系统的高质量维护和发展，也是为了实现人类社会的高质量发展，创造宜居的城乡生活环境，实现人们对美好生活的向往。生态文明时代对生态环境保护、开发、利用提出更高的要求，人与所生存的生态环境是命运共同体，只有尊重自然、保护自然，才能与自然共同生存、共同发展。通过生态文明建设活动，注重生态环境修复保护和开发利用并举，实现人居和生态环境的共保联治。

景观生境共同体生态环境建设，必须坚持理论联系实际。

（1）理论基础

生态承载力不足、资源供应不足、能源严重缺乏、环境压力加大等，是全面建设小康社会的关键性制约因素，建设生态文明城市是实现经济社会可持续发展的根本要求。必须在思想上正确认识环境保护和经济发展的关系，在生态文明语境下高质量发展的意义，不止是经济的高质量发展，还包括在保护生态环境的前提下，保证经济的健康发展。生态文明蕴含的不是静止的生态保护，而是一种动态的发展，它与经济社会发展阶段、历史人文、政策制度都有非常密切的关联。生态文明的核心是达到人口、发展、资源、环境的有机平衡，实现可持续发展，既有助于促进形成舒适、便捷、和谐、美丽的城乡人居环境，又可以把生态文明建设同拉动内需、发展旅游业有机结合。

良好的生态环境是人和自然持续发展的根本基础。必须坚持"绿水青山就是金山银山"理念，坚持尊重自然、顺应自然、保护自然，坚持节约优先、保护优先、自然恢复为主，实施可持续发展战略。生态文明的生产方式，应该是资源节约和循环利用，从源头上减轻对资源环境的压力。坚持山、水、林、田、湖、草系统治理，着力提高生态系统自我修复力和稳定性，促进自然生态系统质量改善。划定落实"四线"，实施重要生态系统保护和修复重大工程，加快推进生态屏障建设，加强生态廊道建设和保护，推进水土流失和荒漠化治理，推行草原、森林、河流、湖泊休养生息。坚持生态优先、绿色发展，推进资源的全面节约、循环利用，协同推进经济高质量发展和生态环境高水平保护。

（2）实操层面

生态环境的保护、修复与开发、利用是个复杂的过程。不同的生态环境面临不同的问题，生态修复过程是场所记忆的延续或改良，通过深度研究场地属性，充分挖掘其历史人文底蕴、了解其发展过程，服从上位规划的定位定性，采用技术手段进行生态治理、修复，同时根据场地的实际情况注入不同功能需求，因地制宜布置相关业态，从而将原来坑塘遍布、荒草丛生、垃圾遍地、毫无景观效果的环境死角治理成为安全、卫生、和谐的宜居环境。

如矿坑、塌陷区类生态修复项目，需要充分利用现有的自然和文化资源，以现状地形地貌为基础，通过一系列的生态修复工程，让矿坑、塌陷区"变废为宝"。利用改造项目区域内已有的湖面、矿山、湿地等资源，通过山体、湖区、湿地、植被、构筑物等景观元素实现生态系统修复和景观风貌恢复。结合现有地形地貌因地制宜，建设旅游、餐饮、科教、养老、商业等设施，并加入休闲娱乐、亲子活动等功能，完善配套设施，同时还可以通过实景灯光秀技术、光电新媒体手段，打造灯光秀项目，并借此机会推出夜游体验。让过去的废弃石渣堆场、坑塘遍布荒草丛生的塌陷区，成为阡陌花海和郊野拾趣乐园。

5）加强基础设施建设

党的十九大报告指出，当前我国社会主要矛盾已经转化为人民日益增长的美好生活需要和不平衡不充分的发展之间的矛盾。我们实现了第一个百年奋斗目标，也就是消灭了绝对贫困、全面建成小康社会。但是只解决了温饱问题还不是社会主义，我们需要实现物质和精神两个层面的全面发展，最终实现人的全面发展、实现共同富裕。这就要求我们需要实现更为全面的基础设施建设和精神文明建设。

景观生境共同体基础设施建设，不仅要为人民的美好生活提供物质保障，还要能满足精神追求。

（1）物质保障

为了满足人民日益增长的美好生活需求，生态文明建设需要提供更好的物质保障，需要依托乡村振兴战略，加快新型城镇化建设，进行城市更新，构建公园城市。物质保障就是要提供传统基础设施和新型基础设施建设，打造系统完备、高效实用、绿色智能、安全可靠的现代化基础设施体系。以多种传统基础设施协同为重点，促进基础设施和城市功能、产业发展配套衔接。构建高效集成、联动支撑、功能完善的多层次现代交通体系；强化能源基础设施建设布局，推进能源绿色低碳发展；强化现代水利支撑，巩固提升防洪排涝能力，加强水资源高效调配。同时加快构建新型基础设施体系，优先布局新型数字基础设施，加速传统基础设施智慧升级。

景观生境共同体建设必须持续推动公共服务设施提标扩面，环境卫生设施提级扩能，市政公用设施提档升级，休闲娱乐设施提优扩容，逐步实现智能化升级。比如，设施家具需要外形美观、色彩和谐、材质安全、经久耐用，具有文化内涵、功能简单、智慧集成等特点。除了常见的绿化、山石、水体、广场、亭廊等元素以外，景观生境共同体还包括指示设施、休憩设施、娱乐设施、服务设施等基础设施。指示设施主要有宣传栏、精神堡垒、指示牌、宣传牌等，休憩设施主要有体育设施、健身器材、运动场馆设施、各种坐凳、观鸟塔等，娱乐设施主要包括慢行绿道、水上游乐设施、儿童活动设施、背景音乐设备等，服务设施主要包括小卖部、茶餐厅、管理用房、厕所、停车场地、路障、避灾场地、饮水器、夜景照明设施、安全监控设施等。

（2）精神追求

人民对美好生活的需求不仅需要物质基础，还需具备更高层次的精神文化生活供给，需要大力发展社会主义文化，并为其发展提供环境土壤。文化的发展需要载体，在景观生境共同体建设中就是要提供更多的文化旅游场所，大到风景名胜区建设、美丽乡村、非物质文化遗产保护、国家公园、公园城市等，小到街头绿地、口袋公园、居住区绿化等。通过提供场所、设施、体验，来实现追忆历史、学习文化、释放情绪、增加情感等功能，从而来满足人民的美好生活需求。

人们都是生活在一定空间里的，生活质量的提高往往表现为居住空间、工作空间劳作时间的减少和休闲游憩时间的增加，在公园、风景区、文博场馆等景观生态空间里，人们停留的时间越长久，就越能通过呼吸新鲜空气、学习文化知识、接触新鲜事物、丰富人生阅历、增进人际感情，达到释放压力的效果，使得心情更舒畅、身体状态和精神状态更好，工作学习也更有动力，更容易实现人生目标，社会也更加和谐。因此景观生境共同体的构建需要关注旅游等业态的选择和布局，结合自然资源和挖掘地域文化进行文化主题策划。分析不同受众的需求设计游人容量，根据不同受众设计游览项目，注重室内和室外空间的比例，配套的附属设施要布置到位。

6）提升公共服务

我国社会进入新发展阶段以来，人民需要更优质、更贴心的公共服务。景观生境共同体提供的公共服务是丰富多样的，可以根据时代发展不断优化。建设前期，广泛听取人民的诉求；建设过程中，让公众参与其中，发挥质量监督作用；建设完成以后，在项目的后期运维、管理、养护等层面有更高的要求，公共服务提升方面主要包括配套的完整性、设施的人性化、管养的长期性、理念的时代性。

人民生活的高质量，必然要求景观生境共同体建设发展的高质量。景观生境共同体建设，首先要保证配套设施的完整性，不管是指示宣传用的指示设施，还是休息停留用的休憩设施；不管是为儿童提供的娱乐设施，还是为成人提供的健身设施，以及为生活管理提供的服务设施，都要保证功能的完善。其次，设施选用应注重人性化，要关注细节，从形态、色彩、材质等方面进行控制，既要符合大众审美，又要安全耐用。再次，建设完成以后，更应该注重场地功能和效果的持久性，也就是要做好运营维护工作，使项目最大限度地延长使用寿命。最后，建设的整体理念要符合时代需求，根据实际情况和社会发展变化不断更新。

新时代的生态文明建设对景观行业的发展提出了更高的要求。景观生境共同体作为生态文明时代的景观规划设计实践体系，主要是运用景观系统性思维来研究人与生态环境之间的关系，以人与生态环境是密不可分、天人合一的命运共同体为理念。景观系统性思维，就是要坚持马克思历史唯物主义的立场、观点、方法，分析生态文明建设过程中遇到的新的问题，要从整体性、系统性来分析问题，而不能将问题与现实割裂开来，要通过统筹规划、顶层设计进行整体把握。人与所处的生态环境是共存共生的整体，将天地万物看成一个系统，人不能脱离生态环境而独立存在，生态环境缺少万物之灵的人类也没有灵魂。以"规划引领，景观导向，专业协同"为科学方法，构建"景观生境共同体"规划设计实践体系，能够统筹历史文化传承、城乡空间塑造、产业业态布局、生态环境修复、基础设施建设、公共服务提升等不同维度的核心建设内容，通过多行业、多专业交叉协作与优化，保障高质量实施，更好发挥景观行业的价值，助力生态文明建设，建设美丽中国。

6 景观生境共同体的实践

自十八大做出"大力推进生态文明建设"的重大战略决策以来，美丽乡村、海绵城市、城市更新、生态修复、山水林田湖草一体化、国土空间规划、公园城市、自然保护地体系等重要战略思想与理念不断深入，共同构筑起新时代生态主义大环境。景观行业响应时代号召，不断适应新的需求与挑战。在此背景下，"景观生境共同体"规划设计实践体系应运而生。

习近平同志提出的生态文明理论强调，生态环境是人类生存和发展的根基，人类及其赖以生存的生态环境是一个共同体。"景观生境共同体"规划设计实践体系以人与自然和谐共生为根本目标，以马克思主义系统性的思维为总领原则，以"规划引领、景观导向、专业协同"为科学方法，发挥景观行业的专业价值，统筹多层面目标，通过多行业、多专业交叉协作与优化，保障高质量实施，助力生态文明建设，建设美丽中国。

"景观生境共同体"规划设计实践体系作为生态文明建设活动重要支撑，涉及生态文明建设的方方面面，通过建构集景观、规划、建筑、水利、道路、桥梁、生态、绿化等多专业协同的综合型景观业务体系模式，以景观系统化思维作为引领，兼顾蓝、绿、灰基础支撑系统的建设。通过多专业密切协作，解决城乡建设与环境保护的矛盾，满足安全、生态、宜居的多维目标，实现人居环境的可持续发展。在实践中思考行业之核心价值，助力美丽中国建设。

6.1 文化旅游——商丘古城湖规划

1986 年，商丘古城被国务院公布为全国第二批历史文化名城中的一座。但多年以来，坐拥丰厚底蕴的历史文化名城，却没有释放出应有的价值，城市发展问题及矛盾日益突出。

商丘市委市政府、睢阳区委区政府高瞻远瞩，审时度势，在全面保护商丘古城历史文化、自然景观风貌的前提下，对古城湖区域居住环境、产业结构方式，以及古城湖的经济、社会、文化等方面提出新的要求，以确保古城湖旅游区的可持续发展。随着商丘市经济的飞速发展，其作为区域旅游节点的优势越来越突出，也对古城湖的环境建设和旅游产业发展提出了新的要求。

商丘古城湖总体规划运用"景观生境共同体"规划设计实践体系，综合协调古城湖区域的各种社会经济状况，统筹兼顾，系统思考，从根本上解决古城保护与跨越发展的协调问题，系统关注经济发展、空间环境、土地利用、文化旅游、水体循环及交通组织等问题，最终实现城湖一体化发展。

6.1.1 项目概况

1）研究范围

项目位于商丘市睢阳区，规划范围以城郭外围市政道路红线为设计边界，北至北海路，西临平原路，东、南两侧接总体规划的环城路，总规模约 625 ha，预计总投资额约 23 亿元（图 6.1）。

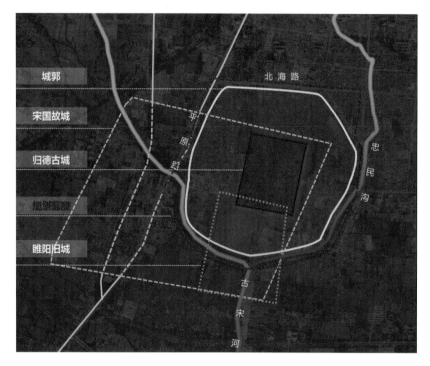

图 6.1 规划研究范围

2）历史沿革

商丘古城总体格局上仍保留着周秦汉唐以来的历史印迹，并以明清时期的归德府城形制最为完整。因此，明清时期是古往今来商丘城市营建变迁的重要转折点。

明清商丘城是历史学含义的名称，它是地理学意义上的明清归德府城，也是明清时期归德府治和商丘县治所在地。现存归德府古城外圆内方的空间格局，城市、城墙、城湖、城郭四位一体，符合中国传统的"天圆地方""天人合一"、自然与人文和谐统一的哲学思想。它是国内罕有的几座相同格局古城中规模最大、最为完整和具有代表性的古城；现存古城内部路网呈龟背式坡向，便于城市排水，体现了古代城市建设的智慧，对现代海绵城市建设也有一定启示。

据记载，城墙外 3.3 m 处有宽阔的护城河环城一周，汇水面积 2 500 亩（1 亩 ≈ 667 m²），沿河区域有戈朗台、雀台、曜华宫、十二新亭和应天府书院等名胜古迹遗址。据《商丘县志》记载，"池距城丈余，阔五丈二尺，深二丈。"城湖历经多年演变，在 1959 年遭遇洪水灾害，形成最大水域面积约为 330 ha；2008 年后，水域面积基本维持在 120 ha 左右（图 6.2）。

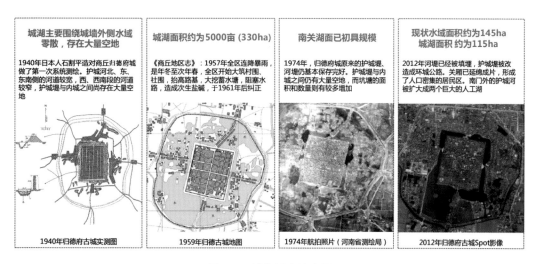

图 6.2　城湖历史演变图

3）上位规划

通过认真研读各种上位规划，梳理出对项目影响重大的主要矛盾，并与其他相关规划进行衔接，根据项目的实际情况进行规划调整。

本项目以总体规划为纲，以历史文化名城保护规划为主要参考依据，结合其他专项规划如道路交通规划、水系统规划、绿地系统规划等，统筹协调，初步形成规划框架，引领项目的概念方案思路。

（1）商丘市城乡总体规划（2015—2030）

中心城区总体规划：规划至 2030 年，商丘中心城区城市建设用地控制在 248 km² 以内，形成"三心辉映、多轴联动、绿廊楔入、片区融合"的城市空间布局结构。古城文化定位以商丘历史文化展示为核心，以历史城区保护为基础，发展特色文化旅游产业，妥善处理保护与发展的关系，保护利用历史与人文资源，加强特色空间塑造，注重城市品质提升，突出"华商之都、三商之源"城市特色（图 6.3）。

中心城区交通规划：构建与城市用地布局相协调、以公共交通为主体、多方式顺畅衔接、智能化、一体化的综合交通运输体系。古城城郭外围南侧规划次干路，东侧规划生活性主干路，与北侧北海路、西侧平原路共同形成古城城郭外环交通体系。

中心城区绿地系统规划：商丘中心城区规划绿地系统布局为"三区、五廊、九带、多园"，其中历史遗迹生态开敞区作为国家级的历史文化遗址保护区，列为三区之一；古城城湖作为绿地水系规划中最大、最重要的生态湖泊，是历史遗迹生态开敞区乃至商丘市的点睛之处，城湖生态功能的发挥对于提升整个城市生态环境质量意义重大。

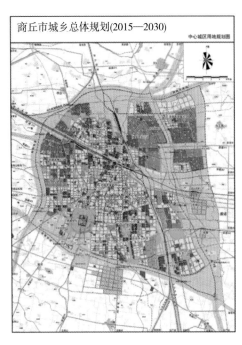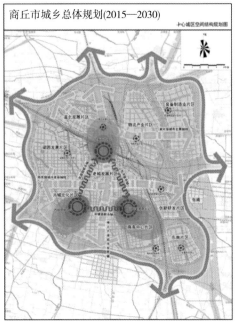

图 6.3　商丘市城乡总体规划（2015—2030）

（2）商丘历史文化名城保护规划

历史城区及周边区域是商丘历史文化资源最为集中、价值最高的区域。将历史城区与宋国故城、隋唐大运河遗址、睢阳城址、宋代南京城遗址、阙伯台、燧人氏陵等重要历史文化遗产进行整体保护；保护商丘古城由方形城墙、圆形城郭双重围合，城湖环绕的整体格局；适当拓展城湖水面，城湖拓展以归德府城墙、宋国故城、睢阳城遗址等文物古迹保护为前提（图 6.4）。

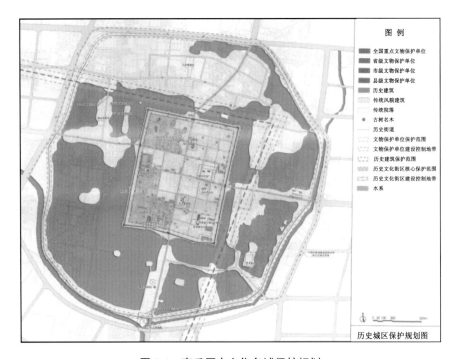

图 6.4　商丘历史文化名城保护规划

商丘历史城区形成"一个核心，十字轴线，双重城郭景观带"的规划结构，提升商业服务和文化功能，成为历史城区及周边的旅游服务核心；强化城郭内水陆交融的生态特色，体现丰富而有层次的景观特色。

4）现状分析

商丘古城历史遗存众多，规划范围内现状较为混乱，需要系统地分类分析。现状主要包含以下工作。针对文物单位及历史古迹分布、古城内历史文化遗址分布、历史格局风貌及街巷进行系统现状分析；系统梳理现状交通、现状绿地、现状水资源以及公共管理与公共服务设施；对现状建筑高度、现状建筑年代进行分析，综合考虑现状及开发适宜性等。

规划范围内及周边区域历史古迹分布密集，包括多处国家级文保单位及省级文保单位。规划范围内现存文保单位有文雅台、八关斋、大唐忠烈祠、应天书院等，另外还存在多座未被发掘开发的古城古迹（图 6.5）。

文雅台
孔子在宋国(今商丘)的讲堂旧址

八关斋
为河南节度使田神功击退安史叛军、解宋州之围而建

大唐忠烈祠
为纪念"安史之乱"中为保卫睢阳而殉难的张巡所建

应天书院
中国古代著名四大书院之一，为北宋时期最高学府

图 6.5　现状文保单位

6.1.2　规划引领

"商丘古城湖"文化旅游规划设计项目是商丘市委、市政府部署的重点建设项目。项目以打造"游商丘古都城，读华夏文明史"的文化旅游品牌为建设目标，运用"景观生境共同体"规划设计实践体系的景观系统性思维，统筹兼顾，从顶层来规划设计。在传承商丘古城历史文化的同时，保护自然景观风貌，根据需求优化古城湖产业结构，促进古城湖经济结构调整，进一步保护、修复、利用古城湖生态环境，确保城湖水体循环净化、水质达标，致力打造文化旅游热点，完善古城湖基础配套设施建设，确保古城湖旅游区的可持续发展，从而促进整体城市片区的发展与文化品牌的建立。

"古往今来，生生不息"，"商丘古城湖"文化旅游规划设计利用得天独厚的城水格局，通过挖掘千年历史文化，整合各方资源，打造集旅游、商业、娱乐、文化等功能于一体的综合风景名胜区，彰显古城特色，形成旅游热点（图 6.6）。

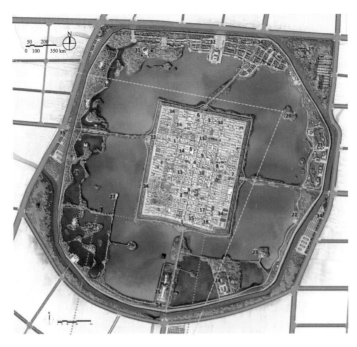

图 6.6 古城湖规划总平面图示意

1）总体规划结构

规划设计运用景观系统性、生态性思维，以位于规划中心的归德楼为中心点，将其作为总体规划的业态核心，向外扩展延伸，通过四个方向的市政道路体系，将归德古城与城湖以及城外城市道路相衔接，并以此来分隔空间。结合功能分布来划分不同区域的水面大小，结合周边文保古迹或历史遗存、民间传说来布置景点，实现历史人文与场所空间的完美结合；以车行、观光游览、自行车骑行、步行、水上游览等路线来连接各个景观区域。规划总体呈现"一城、四廊、八苑、十二景"的景观结构（图6.7）。

一城：四周环水的归德古城。

四廊：延续现状古城通往外界的道路，将其作为连通外界的廊道，同时作为规划中的四条轴线。

八苑：将环城湖按轴线和各自特点分为八个苑，分别为天乐苑、泽芳苑、坤居苑、火正苑、凤阑苑、同心苑、涵山苑和水华苑。

十二景：火正生光、应天书院、文雅古台、月老红缘、宋岛瑶台、木兰孝勇、文殊古刹、层岫出水、晏殊放鹭、睢阳五老、睢阳长堤、蠡岛望城。

图 6.7　景观规划结构图

2）文化旅游规划

古城旅游功能化：古城核心修缮保护，外围地区风貌延续与协调，城湖区域传承文化，整体上看无处不渗透"古城语言"。

旅游体验多样化：彻底摆脱传统旅游消费和体验项目单一而重复的模式，向全客群需求进行生活化渗透。

旅游消费全时化：传统旅游季节性时段性强，波峰波谷差异大；规划项目设施保证全季节、全时段都能吸引客群。

古城湖旅游产品体系历史城区资源丰富、品种多样。依据对旅游资源和旅游市场的分析，以"华夏之源，古城归德"的主题形象为基础框架构建区域产品体系，形成系列旅游产品和项目（图 6.8、图 6.9）。

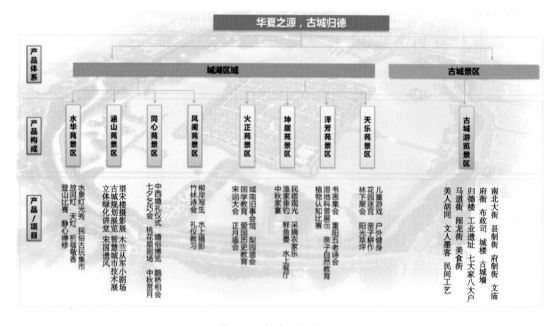

图 6.8　古城湖旅游产品

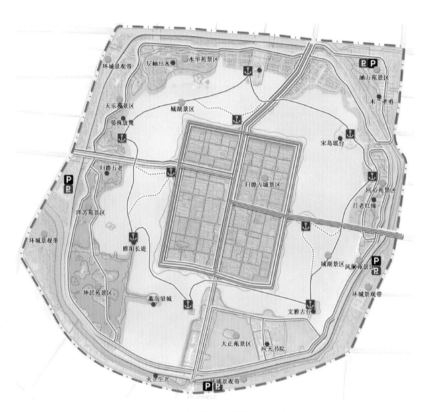

图 6.9　古城湖风景游赏规划

3）海绵城市规划与市政总体规划

本项目市政相关专业管线包括供水及消防部分；污水部分、雨水部分、热力部分、燃气部分、强电部分、弱电部分、综合管廊部分，以及相关核心栈房，如供水厂、水处理设备、能源中心、调压站、开闭站、弱电机房、消防控制室。其中雨水部分与海绵城市规划相结合（图6.10、图6.11）。

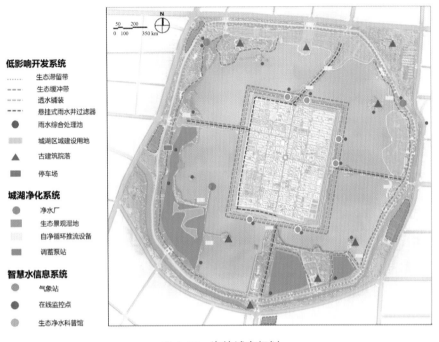

图 6.10　海绵城市规划

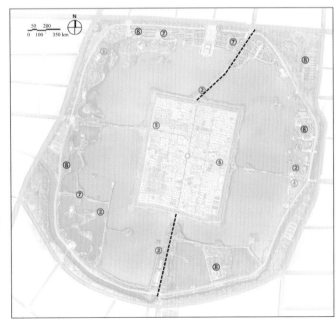

图 6.11　市政总体规划

6.1.3 景观导向

1）优化空间格局，激发产业活力

将商丘古城融入商丘城市的总体发展框架中，处理好古城与城市其他中心区域的共生互补发展关系。依据城市总体规划和历史文化名城保护规划，根据城市发展需求，进一步优化空间格局，调整本区域的产业结构，激发产业活力，着力打造富有地方特色的新空间（图6.12）。

以文化旅游线路设置为例，为了激发产业活力，规划设计根据产业特性进行结构调整优化，根据各种实际需求进行功能布局，并根据游客群体的不同需要，规划模拟八条旅游线路可供选择。依据旅游目的和旅行时间，游客可以灵活选择游览体验的项目（图6.13）。

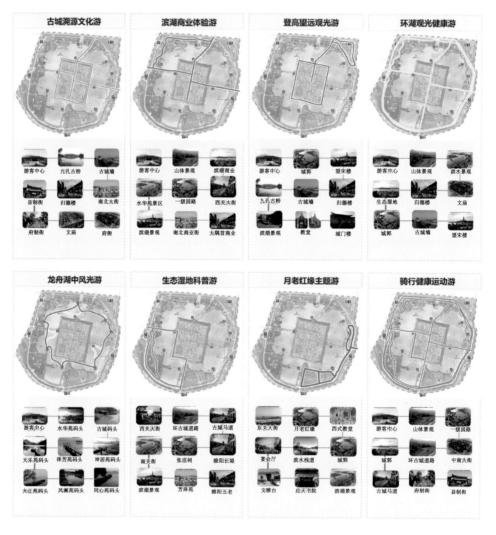

图6.12 不同旅游需求规划

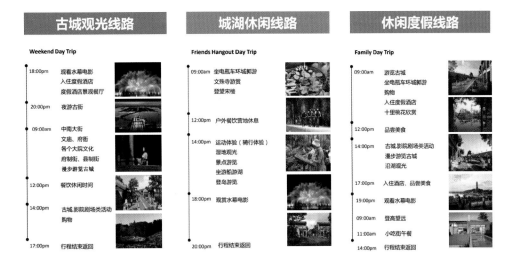

| 古城观光线路 | 城湖休闲线路 | 休闲度假线路 |

Weekend Day Trip

18:00pm	观看水幕电影 入住度假酒店 度假酒店景观餐厅
20:00pm	夜游古街
09:00am	中南大街 文庙、府衙 各个大院文化 府制街、县制街 漫步游览古城
12:00pm	餐饮休闲时间
14:00pm	古城、影院剧场类活动 购物
17:00pm	行程结束返回

Friends Hangout Day Trip

09:00am	坐电瓶车环城郊游 文殊寺游赏 登望宋楼
12:00pm	户外餐饮营地休息
14:00pm	运动体验（骑行体验） 湿地观光 景点游览 坐游船游湖 登岛游览
18:00pm	观赏水幕电影
20:00pm	行程结束返回

Family Day Trip

09:00am	游览古城 坐电瓶车环城郊游 购物 入住度假酒店 十里桃花欣赏
12:00pm	品尝美食
14:00pm	古城、影院剧场类活动 漫步游览古城 沿湖观光
17:00pm	入住酒店、品尝美食
19:00pm	观看水幕电影
09:00am	登高望远
11:00am	小吃街午餐
14:00pm	行程结束返回

图 6.13 旅游线路规划

2）突出文化展示，重塑历史魅力

商丘是中国历史文化名城，也是诞生"中华圣人文化圈"的中国古代重要都城。设计在保留及传承人们对商丘古城记忆的同时，充分挖掘历史资源，激发城市活力，传承商丘传统文化。以张巡祠、应天书院、八关斋等富含历史气息的景点作为商丘的历史文化地标，再现历史场景，重塑历史魅力，提升历史价值，展示"一城四廊八苑十二景"。

以火正苑景区为例，人文荟萃节点位于场地南侧主入口，此处景点设计力图打造商丘人文特色的印象景观，保留并恢复八关斋、张巡祠及应天书院等历史遗迹，显示归德古城千年风采，并营造城市的人文地标（图 6.14）。

图 6.14　火正苑景区

3）制定旅游策略，彰显场地引力

规划设计以挖掘深厚的文化底蕴、打造优质的生态环境、融入多元的休闲模式作为核心营造手法，从休闲度假、人文观光、生态科普三个层面对业态进行丰富，通过"古城旅游多元化、旅游体验多样化、旅游消费全时化"旅游产品体系构建，满足"吃、住、行、游、购、娱"的旅游需求，达成"以体验带动活力，以活力拉动经济"的发展模式，体现场地引力，促进整个古城保护区和周边地块的联动发展。

以同心苑景区为例，月老红缘功能上大致分为五部分：中式婚礼区、商业区、婚俗展示区、西式婚礼区、宴会酒店区，其中婚俗展示部分也承担中式婚礼的游线功能；商业区的物品经营范围以婚礼相关用品为主；西式婚礼区包括西式教堂婚礼区及草坪婚礼区。各区域功能清晰并能相互融合（图 6.15）。

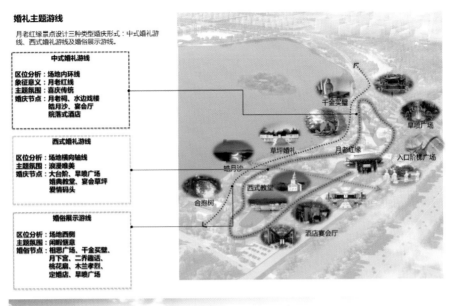

图 6.15　同心苑景区

6.1.4　专业协同

1）建立循环体系，发挥水系效力

城湖水体南门处两个人工湖及零星水域，水域面积约为 145 ha，主要靠地下水、雨水补水。现状水质为劣 V 类水，经检测主要为 TN、TP 超标，周边污水与垃圾乱排、雨污合流、面源污染严重、护岸硬质，周边水域内分布很多小型死水水域如鱼塘、水泡等，污染严重，需进行整合。水资源的补给也是一个主要问题，补水水量随季节波动较大。现状地表水有古宋河、周商永运河、忠民沟（中水）；而雨水受季节影响比较大。城湖水质以及补水水源水质都较差，生态景观需求较强，调蓄功能则较低（图 6.16、图 6.17）。

城湖水体现状

- **水域**：南门处2个人工湖及零星水域，水域面积145ha
- **水源**：地下水、雨水
- **水质**：劣Ⅴ类水，主要超标指标：TN、TP
- **污染现状**：污水与垃圾乱排、雨污合流、面源污染严重、硬质护岸
- **周边水域**：场地内部分布很多小型死水水域如鱼塘、水泡等，污染严重，需进行整合。

建设问题分析

- **水资源**：补水水量随季节波动较大。
  地表水：古宋河、周商永运河、忠民沟（中水）
  雨水：受季节影响
- **水环境**
  现状城湖水质差：劣Ⅴ类
  补水水源水质差：劣Ⅴ类
  污染严重：污水与垃圾乱排、雨污合流、面源污染严重
- **水生态**：生态景观需求增强
- **水安全**：调蓄功能低

图例：
■ 城湖
■ 周边水域
■ 周边水系

河流	水质	功能	污染源	底标高（m）	堤顶标高（m）	河流水面标高（m）			控制宽度（m）
						最高	平均	最低	
古宋河	劣Ⅴ类	水源 西南部防洪排涝	生活、工业污水污染	46.28-41.36	53	48.34	46.89	45.43	147-157
周商永运河	劣Ⅴ类	景观河	雨污合流 绿化、生态缺失	45.1	49.1	48.1	48.1	48.1	120
忠民沟	劣Ⅴ类	西南部防洪排涝		45.57-44.41	50.22	48.37	48.04	47.71	30-43

图 6.16　水质现状分析

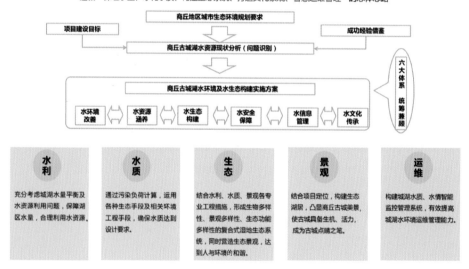

图 6.17　水质管理设计思路

2）融入海绵城市，挖掘生态潜力

设计将海绵城市的理念融入场地，通过多样化的海绵设施，从水利、水质、生态、景观、运维五个层次系统考虑，遵循"保证水量、净化水质、构建生态系统、打造文化景观、智慧运维管理"，构建古城湖海绵体系。既丰富了古城的景观元素，又改善了古城的生态环境，在满足市民亲近自然需求的同时，增强人们的环保意识，普及了海绵城市理念。海绵城市体系的引入，使古城的建设与新时代、新理念、新需求同行，更安全、更生态、更节能，富有新型生态活力（图6.18~图6.21）。

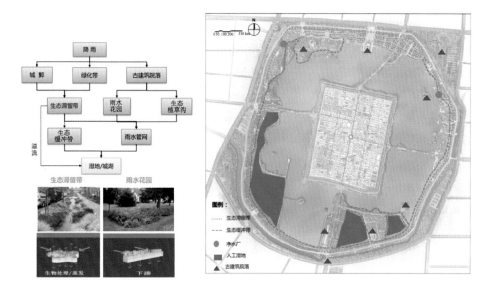

图 6.18 低影响开发雨水系统设计 1

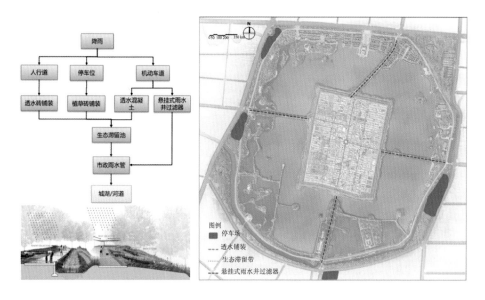

图 6.19 低影响开发雨水系统设计 2

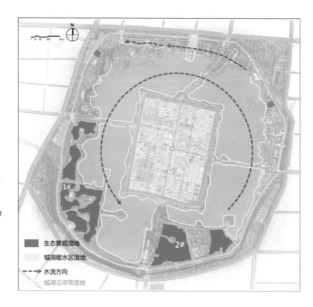

污染物去除效率

序号	项目	净化效率
1	COD	70%~80%↓
2	BOD₅	60%~80%↓
3	TP	80%~90%↓
4	TN	70%~85%↓
5	NH₄⁺-N	80%~90%↓
6	PO₄³⁻	85%~95%↓

布置

☐ 西南部1#生态景观湿地由浮岛湿地生态塘+湿地多样性稳定塘+沉水植物氧化塘组成

☐ 东南处2#生态景观湿地由浮岛湿地生态塘+湿地多样性稳定塘组成

☐ 在城湖沿岸带和敞水区建设生态沿岸带

☐ 城湖底部：总体防渗，进行生态基质改造

图 6.20　生态景观湿地工程

功能分区

☐ 分为清水生物适应区和耐污生物生长区

建设面积

☐ 沿岸带总长17 000m，建设面积约8.5万㎡

☐ 敞水区建设面积约55.5万㎡

生态修复目标

☐ 水生植物覆盖度40%

☐ 底栖动物和鱼类密度为0.03~0.04 kg/㎡

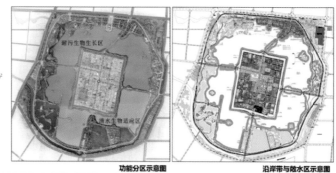

图 6.21　古城湖水生态系统构建工程

3）多级游览系统，增添健康动力

设计将多级游览系统与场地内的景观空间进行串联，使得内部景观体系形成整体。慢行体系将步行、自行车、观光车等慢速出行方式作为景区交通的主体，有效解决快慢交通冲突、慢行主体行路难等问题，引导游人采用"步行＋观光车""自行车＋观光车"的新型游览方式，将环境保护和健康运动进行有效结合，丰富了游人的游憩体验。同时构建水上观光游线，丰富游人游览体验（图 6.22～图 6.28）。

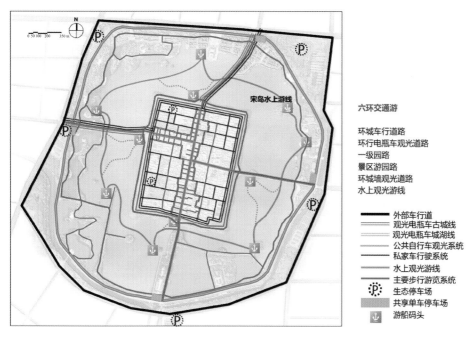

图 6.22 综合观光游览交通系统

图 6.23 东关大街方案设计

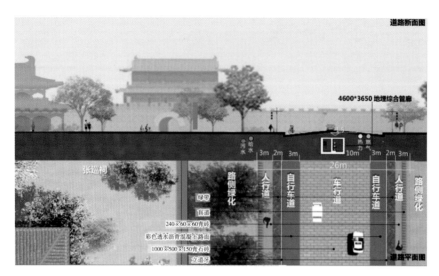

图 6.24　南关大街方案设计

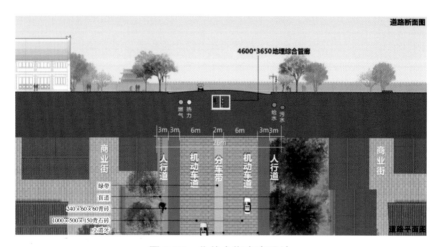

图 6.25　北关大街方案设计

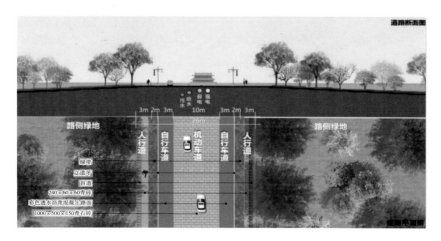

图 6.26　西关大街方案设计

图 6.27 环城墙观光道路方案设计

智能化（充电桩10%）
生态停车场
无障碍停车场2%

- 分为换乘电瓶车停车场、公交枢纽站、自驾车车辆停车场、旅游大巴停车场和城内私家停车场，所有停车场均采用生态停车场做法；
- 沿城郭外围设置5个自驾车车辆停车场，总共约6 000个停车位；
- 沿电瓶车道靠近东、西、南、北关四条路为4个换乘电瓶车换乘首末站停车场，设置410个停车位，满足14座观光车停放需求；
- 古城内结合空地设置城内私家城停车场，约250个停车位；
- 东北角作为城市公交枢纽站满足220辆公交车停放需求；
- 沿城郭外围设置4个旅游大巴停车场，总共约670个停车位。

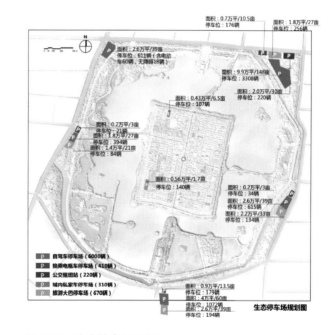

图 6.28 生态停车场规划

6.1.5 实施效果

建成后的商丘古城湖生态景观焕然一新，建成海绵城市体系，圆满达成城市更新，构筑富有古城历史文化气韵的新时代生态型大环境。在景观生境共同体体系引导下建成的商丘古城湖，其空间格局、海绵城市体系、生态修复效果、文化旅游现状、景观建筑和交通系统如图 6.29～图 6.36。

图 6.29　古城湖鸟瞰

图 6.30　古城湖东南湖鸟瞰

图 6.31　古城湖南入口鸟瞰

图 6.32　海绵城市建设实景

图 6.33　生态修复实景

图 6.34　文化旅游景观

图 6.35　景观建筑

图 6.36　交通系统

6.1.6　项目小结

商丘古城湖规划设计项目于 2021 年 9 月竣工，项目建成以后得到了各方的一致好评。当然，对于规划设计方来说，项目实施过程中仍然存在很多问题。项目运用了"景观生境共同体"规划设计理念，把诸多问题解决在规划设计层面，强调规划引领和景观主导的作用，在专业协同过程中有的放矢、事半功倍，取得了较好的实施效果。

在生态文明理论日臻完善的今天，文化游览类"景观生境共同体"建设活动越来越多，在规划设计实施过程中，必须运用系统性思维，坚持"生态优先、科学发展"的理念，系统考虑社会经济发展的方向，进一步优化产业结构，坚持历史文化传承与创新，结合城市空间格局的优化与完善，统筹考虑景观生境共同体与其他基础设施的衔接与配合，实现人与自然的和谐统一。

6.2　景观规划——溧水金龙山绿廊

金龙山绿廊景观规划是南京市溧水区列入《2020年溧水区城乡建设计划》《2020年美丽溧水·花园城市绿化景观提升工作方案》的重点建设项目。项目地处溧水区南部新城区，研究范围约2 km²。

溧水金龙山绿廊景观规划运用"景观生境共同体"规划设计实践体系，依据南部新城规划，东联幸庄公园，南眺无想山风景区，构建新的城市空间格局。利用现状自然山体和水库，实现生态环境的修复、利用和保护性开发，深入挖掘历史人文资源，结合现状自然资源，推进城市产业结构调整，布局文化旅游热点，构建融山、水、林、湖、城为一体的城市绿色生态发展廊道。

6.2.1　项目概况

1）项目区位

金龙山绿廊景观规划设计项目位于南京市溧水区南部新城，设计范围约85 ha，场地中心金龙山水库水域面积约6 ha。项目周边规划用地性质以居住为主，场地毗邻新城区南北交通轴——珍珠南路，向东与幸庄公园形成横向联动的城市中央公园，南侧与无想山景区遥相呼应，从城市格局分析，作为城市公共服务轴上的绿心，场地处于未来城市发展的重要位置（图6.37）。

2）上位规划

溧水区作为南京市南面市辖区，自2013年2月撤县设区以来，经济飞速发展，城市空间得到极大拓展。2020年，溧水区实现地区生产总值911.51亿元，比上年增长6.1%，距离跨入GDP"千亿区"只一步之遥。

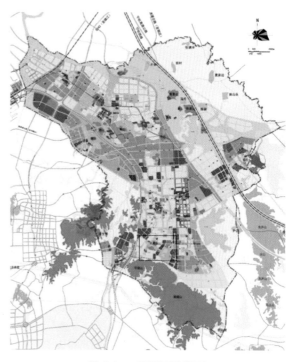

图6.37　项目区位概况

本项目以溧水区城乡总体规划为纲要，以《城南城市核心区规划》和《西南智慧谷片区规划》为主要依据，结合城市绿地系统规划、交通规划、溧水城南新区水系规划等专项规划，形成规划设计思路。城市南向发展，项目所属城南片区为城市核心区域，各项政务服务、商贸商务、创意研发、休闲旅游、健康养老和生态居住等基础建设日益成熟；"引山入城"打造城市公园，将自然资源与产业相结合，实现区域开发。

（1）《南京市溧水区城乡总体规划（2013—2030）》

规划确定了城南新区为溧水的城市中心，和以城南城市中心的建设为带动，加速建设城南新区，全面完善城市功能，塑造城市新形象的发展方向。人口规模2020年城镇人口41万人，至2030年城镇人口72万人。

溧水区发展定位为南京都市区的副城，宁杭发展轴上的重要发展极核。发展目标"战略新兴产业城、古今交辉文化城、低碳生态宜居城、现代农业示范区"。城市空间形成"一城、两片、三带、四轴"的总体布局结构（图6.38）。

城区西南地块的地位：打造旅游、体育、医疗、养老、教育、文化于一体的大健康概念，全龄段、全产业链社区。此次规划的地块发展方向为体育文化产业。依托项目自身优秀的环境资源，打造生态休养、度假服务、养老体验等业务链条（图6.39）。

图6.38　溧水城乡空间总体布局规划　　　图6.39　城南新区中心位置

（2）《溧水健康智慧谷概念规划》

项目地块南侧规划为新城西南智慧谷片区。溧水区智慧谷创智区主打现代智慧型产业，通过公共开放化的社区环境、得天独厚的自然资源，打造创新创智、自然生态、运动健康、文化宜居、智慧先进的新城风貌（图6.40）。

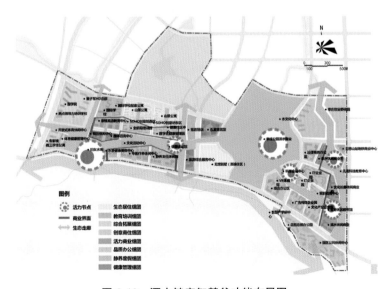

图6.40　溧水健康智慧谷功能布局图

6　景观生境共同体的实践

（3）《溧水区城南新区水系规划》

依据城南新区土地利用规划和路网规划，结合现状水系格局和地形地貌等自然属性，对新区的水资源、水系格局进行重新治理、规划，改造老水系，增加新水系，使区内水系与土地利用、路网规划相互协调，水系既能在汛期满足区域行洪排水的要求，又能在非汛期提供水源满足河湖景观用水需求；同时结合水环境治理、河湖岸线和水生态治理，美化岸线环境，打造绿色生态水系（图6.41）。

（4）《溧水城南新区城市设计导则》（简称《导则》）

《导则》基于高品质的城市公共空间营造，建立从城市设计方案向具体地块环境过渡的转化框架。《导则》将公共空间、环境品质、建筑细部等内容抽取出来，转换为开发的准则和管理的依据，确保细节的设计能够贯穿整体规划和地块控制规划，并与整体发展协调一致，创造宜居怡人的城市环境。

建设新型先进的智慧型城市中心，适于步行的多样化功能街区，激发活力的智能型交流体验区，创建优质办公、生活空间，吸引产业、人才的集聚（图6.42）。

图6.41　溧水区城南新区河道水系规划示意图

图6.42　城市街道类型分析

3）基地概况

（1）周边用地性质

项目地块东、西、北边界周边主要为居住、商住、商业、教育、医疗用地。南侧包括本案地块及幸庄公园规划为南部新城健康智慧谷片区，是溧水智慧产业、科研、文化创新园区，高科技人才聚集地，未来将成为金龙山公园的主要服务片区（图6.43）。

金龙山公园将成为未来城市开发中的一块绿心，与幸庄公园、无想山等生态绿廊相连接。公园作为城市公共服务轴上的绿环，延续幸庄公园、承接城南新区的行政商务轴线，成为未来城市的活力点。同时金龙山公园与幸庄公园形成功能互补，服务周边居住、办公、商业及文化地块，辐射整个溧水城南新区范围。

图 6.43　周边用地性质

（2）现状场地分析

基地现状以金龙山水库为中心，与周边银龙河、南门河、引水河、妇女水库共同构成山环水绕的地形格局。金龙山作为地块内的主峰与长寿山遥相对应（图 6.44）。

基地内东北部为金龙山，山顶标高 81.1 m，现状山体植被密林覆盖，有步行登山道可到达山顶。基地南部为长寿山，东侧山顶标高 67.5 m，密林覆盖（图 6.45）。

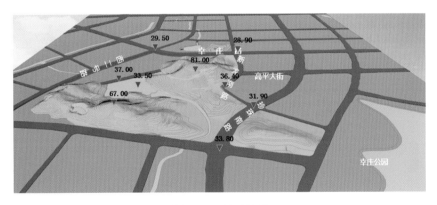

图 6.44　地形地貌

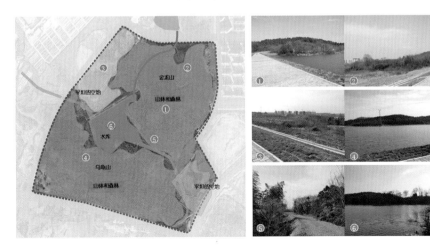

图 6.45　地形分布

（3）现状其他分析

轨道交通规划：南京市轨道交通 S1 号线至禄口机场，溧水方向南延 S7 号线已开通，溧水城南新城区域半小时通达南京市区。金龙山公园在周边区域乃至整个南京范围内形成独一无二的特色，将吸引周边区域及南京城区人群到访，进一步提升区域吸引力。

周边市政交通：基地周边市政规划道路如图 6.46，基地东侧的珍珠南路是重要的市政主干道。

图 6.46　周边市政交通示意图

景点资源：基地周边 5 km 范围内有多处旅游景点，包括无想山城市中央公园、天生桥风景区、体育公园、淮源公园、幸庄公园、西苑公园等（图 6.47）。

图 6.47　周边景点分布图

4）任务分析

红线设计范围涉及两个地块，占地共约85 km²。一块是金龙山公园，以金龙山水库为核心，涵盖金龙山、乌龟山，设计边界北至幸庄路，南至石虎西路，西至西二号路，东至新龙南路。另一块是城市绿廊，紧靠金龙山公园，北至石虎北路，南至石虎西路，西至新龙南路，东至珍珠南路。研究范围放大到项目地块外侧东南区域绿地地块至幸庄公园，以及地块北侧银龙湖等地块（图6.48）。

图6.48　规划研究范围示意图

6.2.2　规划引领

溧水金龙山绿廊景观规划项目以打造生态、人文、智慧的新区城市绿核公园与旅游休闲品牌为目标，通过"景观生境共同体"规划设计实践体系，妥善处理生态保护与旅游开发的关系（图6.49）。

规划设计打造一处"风水宝地"，成为城市中的景观胜境，通过交通流线设计将城市公共绿地衔接，形成贯通的城市绿廊景观。颠覆传统的人与自然之间支配与被支配的关系，致力于打造生态可持续系统。总体遵循简洁、自然生态的设计原则，在尊重场地的前提下进行山体修复。通过地形修复、绿化补植、岩体复绿等措施对山体轮廓进行修复。结合场地环境分析、不同年龄段的人群需求分析以及周边用地功能分析等，设置基地内的功能用地，着重考虑儿童活动项目。一条高4 m的龙脉体验之路蜿蜒其中，带给游客和城市居民不一般的体验。设计充分利用了场地本身的潜质，归还自然原有之美，为鸟类等动物的定居、繁衍提供自然栖息地（图6.50）。

总体设计
总体平面图

图例:
❶ 景区主入口
❷ 停车场地
❸ 运动场地
❹ 跌级平台
❺ 望湖台
❻ 趣味雨水花园
❼ 自然科普小屋
❽ 湖畔木屋
❾ 特色树屋
❿ 禅意竹林
⓫ 高平书院
⓬ 古塔
⓭ 茶韵叠翠
⓮ 架空栈道(龙骨桥)
⓯ 草地小剧场
⓰ 临水栈道
⓱ 亲水步道

图 6.49　规划设计总平面图

图 6.50　规划设计鸟瞰图

1）规划主题构思

项目场地格局为"两山夹一水"，两山为金龙山、龟山，水为金龙山水库。北金龙南灵龟、玄武显灵威。开自然峰峦之势，南北逶迤，南旷北遂，成天然之趣（图 6.51）。

图 6.51　项目场地格局

《重修纬书集成》卷六《河图》："北方七神之宿，实始于斗，镇北方，主风雨。"玄武乃玄蛇、龟武之化身，玄蛇是龙首凤翅蟒身；龟武乃龙首鳌背麒麟尾，它们是上古神兽腾蛇及赑屃的演变，也是北方民族龙图腾跟龟图腾的融合；龙蛇原是一体，鳌是龟的演变，即龙之子赑屃的前身或另一种称呼。

打造现实中的金龙真脉，贯通场地的重要交通构筑，四片区代表龙之子孙，与龙脉相连，"金龙百十里，脉在同一卦"（图 6.52）。

图 6.52　规划设计结构

2）主题旅游规划

（1）龙脉设计思想

整个龙形天桥是贯通全线的主要游线，标高随地势和场地需要而变化。遇水面和植被保护地带则架起；遇平地或场地则落下。似蛟龙升天，似潜龙入林；龙身为桥，龙爪为梯（图6.53）。

主题寓意：规划构思点题金龙山公园，契合度高，蛟龙出水，蜿蜒山林，保一方水土风调雨顺；金龙腾飞的寓意，象征溧水未来城市发展有腾飞之势。

文化精神：龙的形象作为中华民族传统吉祥象征，也会引发人们的自豪感和认同感；利用龙文化串联场地片区，满足各片区功能需求，体现整个规划设计理念。

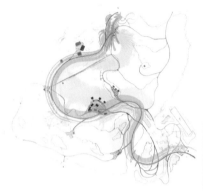

图 6.53　龙行天桥意向图 1

（2）空中栈桥

游线组织：比起地面穿行，空中栈桥融合了山林、水体、生态区域，跨越城市道路，提供独特的特色游线体验和城市山林绿廊穿梭体验，游览更便捷轻松。

在栈桥不同的高度体验金龙山公园游览线路，欣赏各种树体腰部以上以至冠部，近距离观叶赏果；高处看低，登高望远，能给游人别具一格的心理感受，深度体验城市中的生态之地（图6.54）。

图 6.54　龙行天桥意向图 2

（3）生态与特色并重

比起地面穿行，架空的步道是对场地破坏较小的道路形式。架空步道可以保证区域内生物的自由流动；也可以防止人为踩踏及不文明行为对场地造成的生态破坏。

目前在溧水及周边城镇没有类似的大型空中栈桥，若此架空栈桥建成，将成为场地内具有标志性的构筑物，也会成为吸引人们来此游览的一个热点（图6.55、图6.56）。

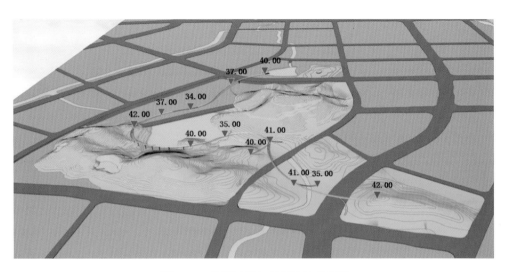

图6.55　龙行天桥与现状场地的衔接

图6.56　龙行天桥鸟瞰图

3）交通体系规划

外部交通规划网络发达。场地距离 S7 轻轨幸庄站 2 km，距离附近公交站点 0.7 km，距离幸庄公园直线距离 0.4 km，距离无想山景区约 1.5 km（图 6.57、图 6.58）。

图 6.57　外部交通流线图

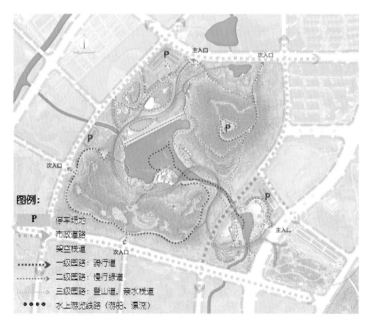

图 6.58　内部交通系统图

4）海绵城市规划

生态浅沟作为景观设计元素用来清除淤泥和地表径流水的污染，它由沼泽地排水斜坡（坡度小于6%）和地被植物、堆土或碎石组成。本项目中，主要将生态浅沟设置在园路步道靠山体一侧，用来收集山体上流下的雨水，过滤地表泥沙，从而保证水库周边地下水的收集和涵养。规划设计生态浅沟总长度约4 800 m，透水铺装（广场、停车场）总面积约5.2万 m²，雨水花园总面积约2.8万 m²。

在金龙山水库合适位置设置生态湿地，改善生物群落结构和多样性，形成完善的水生态系统，增加水体的自净能力，消除或减轻水体污染，提升核心生态功能。建设海绵设施，缓解洪涝压力，降低水污染。水体生态修复，基于基地内现有植被，营造功能多元化的净化湿地系统：通过改善生物群落，吸收水体中过多的营养物质以净化水质（主要功能），湿地系统的构成，为动植物提供良好的生存环境——生物栖息，提供更多的休闲场所——景观娱乐，湿地单元可控性高，方便开展科教活动——教育科研（图6.59）。

图 6.59　海绵城市规划示意图

5）典型断面规划

依地形的不同条件设置步行道、自行车道和综合道，其典型断面规划分析如图6.60。

要素设计指引	游径系统		宜遵循山林沟谷的天然走向,充分利用现有步行道,保证使用安全。 应结合野生动物的生活习性及迁徙路线进行绿道游径的规划设计,可策划自然观察、科考探索、户外越野、登高游览等特色游径。
	绿化		宜采用生态修复等技术手段,修复受损山体,增加植被覆盖,保土蓄水,改良土壤。 应以乡土植物为主,恢复具有地域特色的植物群落,防止外来物种入侵。
	设施		新建驿站等服务设施应避开生态敏感区,结合林地的特点布置野营地、休息区等。 市政设施宜与风景区、旅游区内的现有设施协调统筹。 根据自然汇水,预留径流通道。
典型断面	依托山地	步行骑行综合道	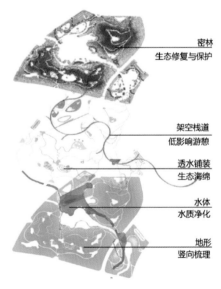综合道 在山林坡度较缓时,结合现状地形设置步行骑行综合道,可采用栈道等形式,设置必要的安全防护设施。
		自行车道与步行道分别设置	步行道 自行车道 在山林坡度较陡时,应分别设置步行道与自行车道。步行道布局随地形就势,可采用栈道、台阶等多种形式,有较大的竖向变化,设置必要的安全防护设施。自行车道在山脚相对平缓的区域设置,坡度不宜过陡。
要素设计指引	游径系统		在保证安全的前提下,绿道游径应顺应水系走向,满足人的亲水性需求。 可利用现状堤坝路等资源。
	绿化		绿化应与周边自然环境良好衔接,以生态保护与恢复、安全防护为主导功能。 开发利用乡土植物,采用自然式配植方式。
	设施		设施布局应考虑水位变化的影响,规模、体量、形式等与周边环境相协调。 设置亲水平台、垂钓点等,并配备必要的安全保障设施。
典型断面	依托水系	亲水、步行、骑行综合道	综合道 滨水岸线坡度较缓且坡顶无现状道路时,宜临近水边设置步行骑行综合道,配置必要的安全防护设施。
		坡顶、步行、骑行综合道	综合道 滨水岸线坡度较陡或其他条件限制时,宜在坡顶设置步行骑行综合道,设置必要的安全防护设施。
		自行车道与步行道分别设置	自行车道 步行道 坡顶已有道路且满足自行车通行时,在保证使用安全的前提下,自行车道可借道现状道路。在水边设置亲水步行道,可以采用栈道形式,配置必要的安全防护设施。

图 6.60 典型断面规划

6.2.3 景观导向

1）生态修复与保护

保护特色山水格局,通过低影响开发策略协调保护与发展的关系。景观游憩活动不扰动生态敏感性高的密林区域,对裸露山地进行生态修复。梳理场地竖向关系,打造多级慢行系统。龙形栈桥底层架空,蜿蜒于湖光山色之中,在给游客带来不同观景视角体验的同时,也为鸟类等动物的定居、繁衍提供自然栖息地。地面步道与龙形栈桥有机串联,采用透水铺装材质,增加下垫面透水率。通过生态措施,保障水库水质。多样途径,生态共享,打造人与自然和谐共处的绿核公园(图 6.61)。

密林
生态修复与保护

架空栈道
低影响游憩

透水铺装
生态海绵

水体
水质净化

地形
竖向梳理

图 6.61 生态保护与低影响开发

金龙山东部现状：因修建新龙南路，对金龙山东侧山体植被破坏较大，需妥善进行生态植被恢复（图 6.62）。

图 6.62　山体现状与植被恢复

2）历史文化传承

金龙山水库南北引水出水道现已规划建成，保证了水体与周边水系的连通性；内部的金龙山与乌龟山一北一南隔水相望，奠定了场地"两山抱一水"的特色山水格局。公园打造联系东部的幸庄公园，勾连片区山水骨架，与南北无想山、天生桥共同构成城南绿色基底（图 6.63）。

图 6.63　山环水绕的山水格局

　　规划中采用龙形形象，寄托复兴信念，显示民俗文化，塔寺庙宇的形式展现当地民风民俗。挖掘原生态密林的潜在活力，结合密林探险等项目，开发公园新活力。

　　根据溧水县志记载，溧水历史上曾在明清时期存在过五个书院，金龙山公园东侧的高平大街正是以溧水古五书院之一"高平书院"取名。在金龙山顶结合现状土地庙建筑，复兴建高平书院，赋予新的场地精神。设计还结合打造金龙山民俗艺术展馆，展现溧水的民俗乡土历史与文化。依托自身资源优势与周边地块的产业开发，公园集山体休闲体验、科普民俗、养生度假等多功能于一体，打造生态旅游休闲品牌（图 6.64 ～图 6.66）。

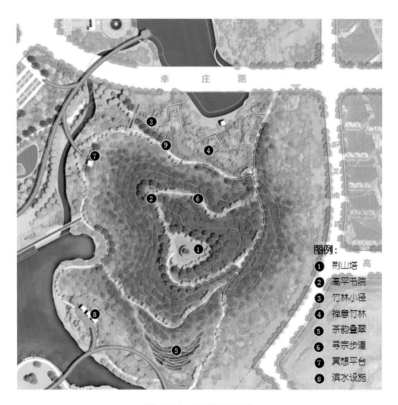

图 6.64　组团平面图

图 6.65　山水格局

图 6.66　高平书院意向图

3）旅游休闲打造

场地后有靠山、前有案山、中有明堂、水流曲折，符合传统文化中"风水宝地"之相。状似游龙的架空栈桥贯穿场地，连接场地的四个片区，打造不同的游憩空间，植入休闲、体验、观光等多种业态，满足全龄段的游憩需求。

组团中营造亲子活动区域，拓展科普教育，让孩子们在户外游乐中学习、健康成长。户外亲子活动项目包括阳光大草坪游乐，水生科普，结合自然地势的趣味项目，以及亲水通道两侧的亲水步道体验。

组团设计考虑与幸庄公园的差异性。幸庄公园西侧的儿童游乐区为收费型、以商业设施为主。金龙山作为衔接过渡的次入口区域更多的是以公共开放、生态趣味为主。设计供亲子活动的大草坪，草地趣味舞台，幼儿攀爬丘陵，及观察自然湿地与昆虫的亲水湿地。利用自然做文章，在大自然中享受探寻和成长的乐趣（图 6.67、图 6.68）。

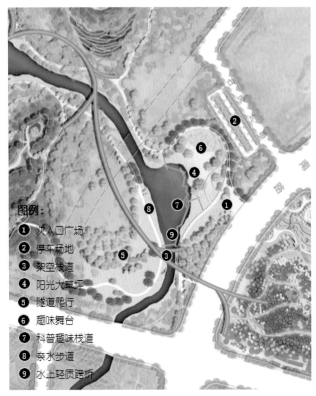

图例：
❶ 次入口广场
❷ 停车场地
❸ 架空栈道
❹ 阳光大草坪
❺ 隧道爬行
❻ 趣味舞台
❼ 科普趣味栈道
❽ 亲水步道
❾ 水上轻质跨桥

图 6.67　组团平面布局和鸟瞰图

图 6.68　多样的旅游休闲空间

6.2.4　专业协同

1）配套专业协作

设计统筹兼顾，以上位规划要求为引领，以景观系统性思维为导向，协调公园的保护与开发，构建多专业协作框架。在此框架之下，景观与生态、建筑、道路及桥梁等多专业密切协作。设计中运用生态修复与治理手段，遵循自然生态过程，完型"两山抱一水"的山水格局，同时营造季相丰富的自然景观；建筑设计对场地内历史遗存建筑进行改造修复，并且对话环境，采用绿色理念；道路、桥梁设计则基于现状条件综合考虑，采用对环境扰动较少的方案。多方权衡考虑，制定最适宜的方案，兼顾生态、经济与社会效益（图 6.69、图 6.70）。

图 6.69　入口建筑效果图

图 6.70　龙形天桥效果图

图 6.71　生态宜人的海绵绿地

2）绿色海绵措施

将海绵城市理念融入设计，选用透水生态铺装作为慢行道铺设材料，沿线设置植草沟、雨水花园等海绵设施。设计营造了丰富变化的观景体验，创造多元化的景观结构，充分利用了场地本身的潜质，归还自然原有之美，致力构建人地和谐的生态可持续景观系统（图 6.71）。

3）智慧园林景观

设计延续对智慧景观的思考，在场地中融入科技创新与智能化的应用。利用智能化平台，提供交流互动媒介，结合现场展示屏端和移动端，使景区信息服务智能化发布，让游客在第一时间内掌握景区的最新动态。景观基础设施结合智慧技术如树形智能光伏发电，以太阳能光伏发电板作为电源，提供充电装置及高速 WIFI 接入，让游客直观感受智慧景观带来的便捷体验（图 6.72）。

图 6.72　智慧化低影响慢行道

6.2.5　实施建议

1）开发强度

在山体和林带的主体部分，最大程度地尊重、保护、修复自然生态环境（图 6.73）。

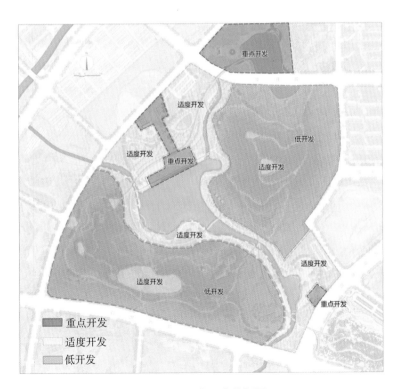

图 6.73　开发强度分析图

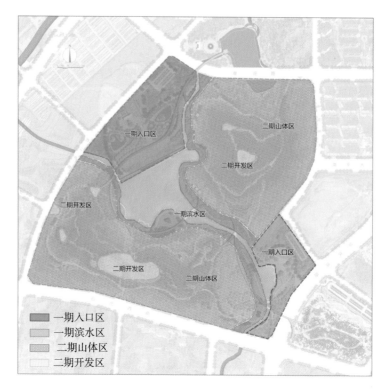

图 6.74　金龙山公园分期规划

2）分期实施

金龙山公园整体规划分二期实施，一期内容主要为龙形天桥、山体慢行绿道、主次入口片区、滨水景观节点。二期内容为金龙山顶宝塔、高平书院、长寿山低密度民宿、长寿山特色花园、山体生态修复（图 6.74）。

溧水金龙山绿廊景观规划设计项目是溧水区突出生态环境建设，改善人居环境质量的重要举措，项目着力于提升城市功能，改善城市环境，彰显城市魅力，增进民生福祉，为确保高水平全面建成小康社会打下坚实基础。

6.3　生态景观——中山翠亨国家湿地公园

中山翠亨国家湿地公园工程是广东中山市重点建设项目。设计运用"景观生境共同体"规划设计实践体系理念，以生态性、地域性和参与性为原则，融入中山的历史文化精神与新区的现代化景观美学，以构建湿地休闲游览、科普体验、湿地探索等相结合的多样化生态旅游体系作为发展目标。公园与南沙湿地、淇澳岛共同构成了红树林保育区和国际候鸟的栖息地，在强调生态环境保护的同时提高了新区居民的生活质量，激发周边乡村生态旅游发展，实现社会效益、经济效益、环境效益的共同提升。

工程于 2019 年 12 月通过了国家林业和草原局的国家级湿地公园试点验收，现已对公众开放。翠亨国家湿地公园在自然保护体系中具有主体地位，保障中山市生态格局的稳定，助力我国生态文明建设的推进（图 6.75）。

图 6.75　中山翠亨国家湿地公园

6.3.1　项目概况

中山翠亨国家湿地公园位于广东中山市翠亨新区南朗镇横门西水道，规划面积 625.6 ha，其中湿地面积 395.4 ha，湿地率 63.2%。规划区内包括河口水域、红树林、永久性河流、草木沼泽等多种用地类型，50 ha 独特的红树林景观为湿地公园增加了宝贵的景观和科研价值。

1）项目背景

翠亨新区位于广东省中山市，地处珠三角的地理中心，是两岸四地合作的桥头堡、珠江口西岸连接深港澳的第一站。中山翠亨国家湿地公园位于广东省中山市东部沿海，翠亨新区起步区，环伶仃洋珠江口右岸。基地周边环绕香港、澳门、珠海、深圳、广州等珠三角核心城市，横跨横门西水道，水域面积 343 ha，水陆比约为 5∶4。

2）场地区位

基地周边区域交通便利，设施齐全，有多座火车站、国际机场、客货码头等。通过规划的深中通道，实现基地 30 min 往返深圳，极大地缩短了与周边城市的时空距离（图 6.76～图 6.79）。

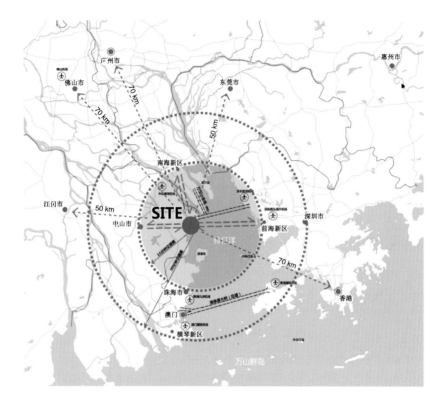

图 6.76　场地区位示意图

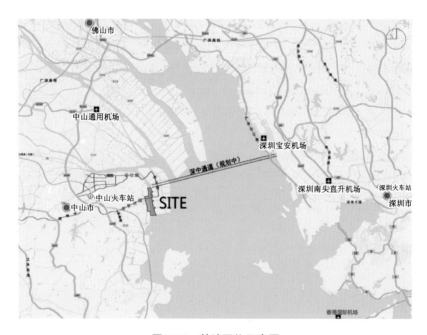

图 6.77　基地区位示意图

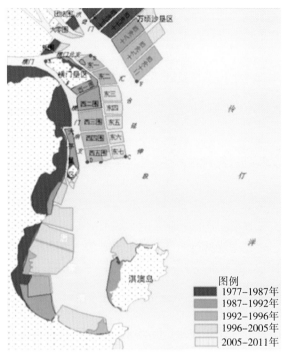

图 6.78　场地周边历史发展演变图　　　　图 6.79　研究范围

3）现状资源

现状基地大面积种植以香蕉、水稻和甘蔗为主的农作物。基地西南部现状有开心农场，种植大量农作物。基地局部有水塘，水塘内种植荷花、芦苇等，部分水体富营养化，出现成片水葫芦，总体水质情况一般。基地东侧现状建筑主要以农民房、吊脚楼和临时搭建的棚子为主。现状建筑部分保留、进行外立面的改造，拆除临时建筑。基地西侧建筑以开心农场配套服务用房为主，规划后拆除房舍，保留大棚等生产设施。基地局部有淤泥质海滩，滩涂发育良好，土质多为淤泥黏土或亚黏土，土壤肥沃，适宜植被生长。潮间盐水沼泽主要分布于基地的西北部，植被盖度 ≥ 30%，适宜红树林植物的生长与恢复。横门西水道东侧有大面积红树林，主要品种为无瓣海桑、老鼠簕。横门西水道位于珠江口，因潮汐及洪泛，水位变化丰富，因通航需求有一定污染，驳岸设计需有相应措施。

（1）动物资源

现状湿地野生动物约有200种，其中鱼类31科43种，两栖类4科9种，爬行类6科14种，鸟类25科52种，兽类3科5种。国家Ⅱ级重点保护物种有虎纹蛙、黑鸢、凤头鹰、松雀鹰、褐翅鸦鹃和小鸦鹃6种。

（2）植物资源

本工程区内植物资源丰富，植被代表类型为热带季雨林型的常绿季雨林，包含红树林植物、蕉树、莲藕、水草、桉树等，红树林面积约50 ha。湿地内有蕨类植物、裸子植物等百余种。淡水水生植物以荷花、凤眼蓝等为主，红树林植物以无瓣海桑、老鼠簕为主，农作物以水稻、香蕉、玉米为主。

现场植物群落存在的问题：场地为人工次生湿地，农事活动对场地干预较多，现场植被以农业品种为主，缺乏景观性。驳岸生硬，水质浑浊，缺少防护林、生物净化、群落涵养等生态配置形态；缺乏景观美学的宏观调控和对场地肌理的恢复重建。

（3）交通条件

起步区外部与内部交通均不发达。依据《中山翠亨新区起步区控制性详细规划（2019）》中道路系统规划相关内容，起步区拟建高速路 2 条，快速路 2 条，主干道 6 条，次干道 14 条。建成后，起步区内部交通干道汇集，包含深中通道、东外环高速两条高速，翠亨快线、沿江路两条快速路等，可直接贯通香港、澳门、深圳、广州、珠海，交通区位极为便利。景观工程在设计时应注意与市政道路良好衔接，为工程创造便利的交通条件，服务岛上居民与游客，增强滨水景观可达性、便利性。

（4）岸线条件

基地整体景观风貌差，将城市与水完全隔离，严重遏制了滨水城市的特色凸显。岸边有成片红树林，是滨水岸线独有的景观资源，也是岸线特色的重要组成元素之一。结合起步区自然环境特色、景观资源等方面综合考虑，岸线应作为景观工程打造的重点。设计应针对不同区域、不同特点的岸线综合考虑，营造丰富的岸线景观。

（5）配套设施

本工程区内配套设施较欠缺，仅有少量商业商务设施、市政设施等。施工条件较差，施工建设中用水、用电、临时用房问题均需解决，应充分利用城市现有可利用资源。

（6）基地高程

基地整体西高东低，呈"凹"字型。总体高差在 2 m 左右，最大高差约 4 m，位于基地西北部。基地整体地形起伏变化较小，坡度基本保持在 5% 以下，总体地势较为平坦。

4）上位规划

（1）中山翠亨新区总体规划

发展定位：海内外华人共有精神家园探索区、珠三角转型升级重要引领区、岭南理想城市先行区、科学用海试验区。

城市性质：翠亨新区是国家实践创新文化交流方式基地，两岸四地现代化产业合作示范区，广东省绿色新兴产业基地，珠江西岸新型城市化先行区，中山市引领转型升级的城市副中心。

城市主要职能：两岸四地现代产业合作示范区；以香山名人文化、岭南风貌为特色的旅游胜地。珠江口西岸以文化服务为龙头的产业服务平台；沟通珠三角东西岸的交通战略节点；以文化和产业服务功能为主导的城市副中心；以科技创新为支撑的转型升级战略平台。

发展战略：区域融合，协同打造世界级城市群；产业转型，发展文化引领的现代产业；特色打造，展现岭南文化精髓（图 6.80）。

图 6.80　规划总平面示意图

（2）绿地与广场系统规划

规划塑造"绿带蓝脉、多园点缀、多廊串联、群峦掩映"的绿地系统，形成"城景交融"的绿地风貌。基地处于滨海森林景观带与滨江水脉的交汇处，以发展森林景观、滨水景观为目标，打造特色海滨公园（图8.81）。

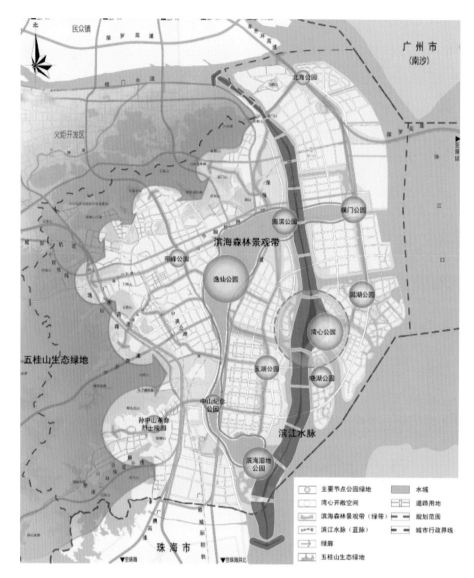

图 6.81　绿地与广场系统规划图

（3）岸线利用规划

规划将翠亨新区岸线打造成为现代都市风貌的魅力海岸、彰显地域特色的岭南水乡、珠三角滨水地区科学用海典范。基地岸线属于生态岸线，应避免大拆大建，过度改变现状，破坏生态平衡（图6.82）。

生活岸线　　　规划范围
工业岸线　　　市区分界线
生态岸线
港口岸线
水系
道路用地

图 6.82　岸线利用规划图

（4）环境保护规划

规划基地水质处于Ⅲ类与Ⅳ类之间。方案设计以规划期末的水质标准为前提条件，进行方案项目的种类遴选、类型设计及策划（图 6.83）。

（5）《中山翠亨新区起步区控制性详细规划（2019）》

规划定位：中山市的两岸四地合作桥头堡；翠亨新区集先进制造、区域物流、配套研发及生态宜居功能为一体的发展撬动支点。

规划思路：建设珠江口西岸桥头堡，构建城市空间增长极核，打造"滨海"城市示范区。

空间结构：三心、一轴、三带、五区，基地处于西部生态区，以农林用地为主，是城市远景发展用地。在满足一定的城市发展条件下，方案设计可根据现实情况进行布局调整，但需经各相关专业或部门审定。

规划策略：产城融合，活力海滨；制造先行，服务撬动；枢纽节点，借港出口（图 6.84）。

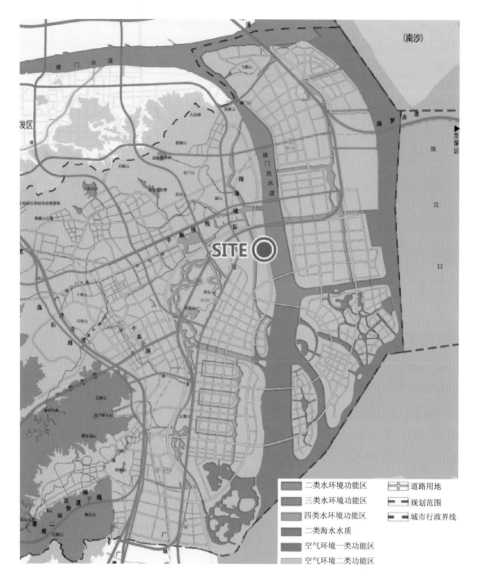

图 6.83　环境保护规划图

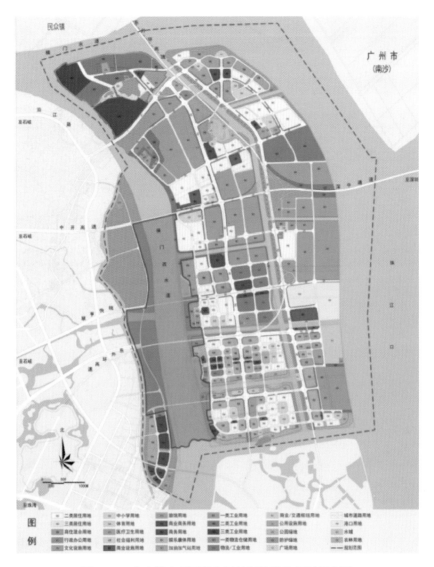

图 6.84　中山翠亨新区起步区控制性详细规划示意图

（6）《翠亨国家湿地公园土地利用规划》

翠亨国家湿地公园总占地面积 625.6 ha，水域面积 343 ha，项目场地由水域、滩涂、有林地、耕地、草地等多种类型组成，特色有林地——红树林，包含小渔村、帆船中心、入口管理服务中心、开心农场以及游船码头等多个节点。场地规划风景名胜用地 100 亩，可建设用地 15 亩，建设内容包含湿地公园管护中心、红树林博物馆、农场管理中心、小渔村、船文化公园等。湿地公园作为起步区西部景观核心、起步区重要的滨海岸线，环境条件极为优越。方案设计将深化落实规划项目，结合场地特质，打造集人文、旅游、生态于一体的综合型国家湿地公园（图 6.85）。

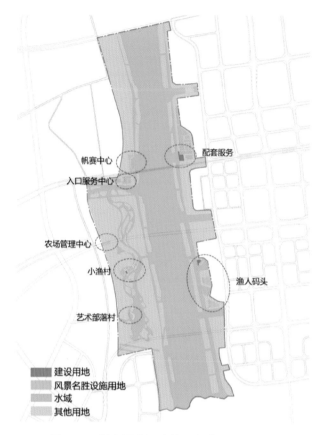

图6.85 翠亨国家湿地公园土地利用规划图

图例:
- ■ 建设用地
- ■ 风景名胜设施用地
- ■ 水域
- □ 其他用地

（图中标注：帆赛中心、入口服务中心、配套服务、农场管理中心、小渔村、渔人码头、艺术部落村）

6.3.2 规划引领

将中山翠亨国家湿地公园打造成世界级红树林保护中心、鸟类天堂；中山城市名片、珠三角体验式旅游目的地；中山市历史文脉的露天展示馆。

规划设计以横门西水道红树林湿地生态系统为保护对象，通过生态恢复和景观营造，构建以红树林为主要特色的生态湿地景观，维护湿地生态系统结构和功能的完整性，保护动物栖息地、防止湿地生物多样性衰退，突出红树林湿地的自然性、生态性和地域特色，最终将翠亨湿地公园建设成为以红树林湿地景观为特色，集海岸森林、浅水沼泽、河流和农田生态湿地于一处，融生态保护、科普科研、观光游览、休闲度假为一体的综合性国家湿地公园（图6.86）。

图6.86 规划总平面图

1）规划总体目标

通过保护现状与适度修复受损生态系统，整体维护湿地生态系统自有过程和功能。在此基础上，通过可持续的开发与利用，最大程度地发挥翠亨国家湿地公园的生态、社会、经济等服务功能（图6.87）。

为实现这一总体目标，实施中关注以下几个方面的内容。

①修复和重建红树林湿地系统，提高红树林湿地群落的稳定性；

②增加湿地生境的异质性，从而提高湿地公园的生物多样性；

③针对场地现状主要定居禽鸟的生物、生态学习性，重点保护和完善其栖息环境，包括栖息地、觅食区的营造等；

④构建和维护湿地公园内部以及湿地公园与周边禽鸟栖息地间的生态廊道系统，提高生态系统的连续性与完整性；

⑤改善水系功能，尤其是改善水质，提升湿地环境质量，减少水质恶化对生物多样性的冲击和影响；

⑥对受人类干扰破坏的湿地环境，采取一定的人工措施进行保护和恢复；

⑦结合湿地公园功能分区进行保育区划分，并提出相应保护策略与措施。

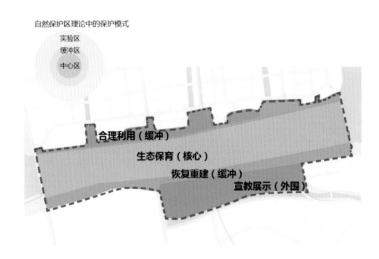

图6.87　自然保护区保护模式图

2）生态规划

通过科学合理分区，营造适宜红树林生长的完整湿地生态系统，形成理想的鸟类栖息地，丰富红树林植物品种，扩大种植面积，设置专类博览园，精品化种植。结合潮汐水位变化，合理确定湿地植物种植范围，创造科学合理的种植分区。对于现状地形进行改造，满足不同动植物对于生境的需求，构建丰富动植物群落，形成理想的鸟类等动物栖息地。

3）旅游规划

引入休闲活动、文化体验、湿地游览等多种项目，满足不同游客的多样化需求，达到吸引游客、留住游客的目的。休闲活动：低碳骑行、林间漫步、游船观光、休闲垂钓、星空露营、户外摄影、生态乐泳等。文化体验：民俗文化展示、渔村生活体验、农耕体验、水上戏台、少儿书苑、渔家民宿等。湿地游览：湿地动植物科普、湿地鸟类观赏、桑基鱼塘展示、多样化湿地生境展示等。

4）文化规划

以小渔村为城市文化原点，梳理城市发展变迁史，传承城市千年文脉，展现中山市独特的城市文化——海洋文化。规划中结合场地风貌，注重特色文化的展示。红树林文化：中山的城市发展，是与海洋相互博弈、相互依存的过程，而沿海的红树林是这段历程的见证者。渔家文化：展现渔民以海为家的特色生活方式，融入渔船、吊脚楼、石驳岸等渔家文化符号，展现水乡民俗民艺等文化特色。农耕文化：以珠三角地区特有的桑基鱼塘农业生产方式为基础，采用农田、粮仓、鱼塘等农耕文化意象，融入体验性、参与性的农耕活动。

5）植物规划

通过地形整理，营造适宜红树林生长的水体环境。红树林生长于潮间带，繁盛于中潮带上，在针对场地的地形改造方面，创建适宜的红树林生长环境，保证植物群落的生长需求。

6）规划结构图

规划将公园分为五大区：合理利用区、湿地保育区、恢复重建区、宣教展示区、管理服务区。湿地保育区与恢复重建区湿地面积达到湿地总面积的85.81%，满足湿地率大于60%的指标要求（图6.88）。

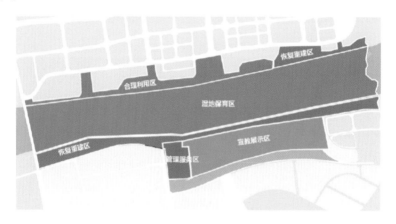

图 6.88　规划总平面结构图

（1）湿地保育区

面积340.8 ha，占湿地公园面积的54.48%，主要为横门西水道水域和大面积的红树林范围。该区是湿地公园的重要生态基质与红树林集中区域，是保证入海口水质的重要区域，也是湿地公园的重要载体。未来将在横门西水道西侧堤岸处补种红树林，在保护堤岸的基础上，形成两岸红树林带的壮丽景观。未来部分区域将开放，游客可乘船来往于两岸。

（2）恢复重建区

面积为107.5 ha，占湿地公园总面积的17.18%，包括了潮间盐水沼泽和大部分的河岸带。该区是湿地公园修复和重建湿地系统的示范区，也是野生动物栖息地恢复的核心区域。东北部以红树林生态系统重建为主，通过对现状堤岸的改造，引入海水，形成咸淡水体，构建红树林生态群落。西南部以淡水湿地生态系统恢复为主，通过对现状坑塘的改造，引种湿地水生植物，加强湿地生态系统的稳定性，为水生动物、鸟类等提供重要栖息地。

（3）宣教展示区

面积为92.6 ha，占湿地公园总面积的14.8%。湿地公园开展实地科普宣教、生态文明建设和生态休闲游憩的场所。充分利用不同的湿地类型、湿地景观与模型，建设室内和室外湿地科普宣教场所，通过对湿地公园内部的湿地生态系统演化以及湿地公园相关动植物资源、旅游景观资源、民俗文化资源等的展示，向社会公众进行宣传介绍、科普教育，展示湿地生态文化，从而提高公众的湿地保护意识。同时还可与生态旅游相结合，寓教于乐。

（4）管理服务区

面积23.6 ha，占湿地公园总面积的3.77%。该区位于科普宣教区北侧，主要承担公园内管理、服务等功能，也是湿地公园的主入口。区内配置相应的保护管理设备，为湿地公园提供高效的服务。

（5）合理利用区

面积61.1 ha，占湿地公园总面积的9.77%，主要位于横门西水道东岸。该区域以和谐发展和宜居环境建设为目标，合理配置湿地景观与休闲体验设施，开展湿地休闲、游憩活动。区域内主要有曲苑风荷和渔人码头两大节点。

6.3.3　景观导向

景观总平面及重要景点布置如图 6.89、图 6.90。

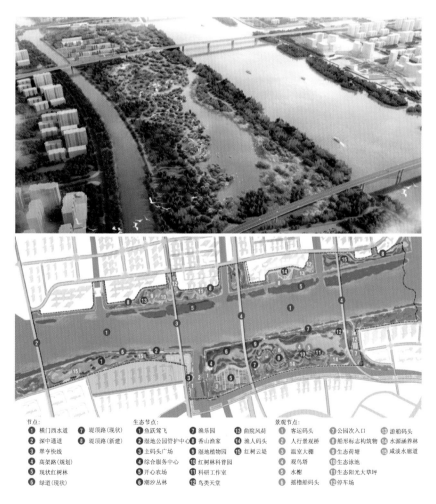

图 6.89　鸟瞰图与景观总平面图

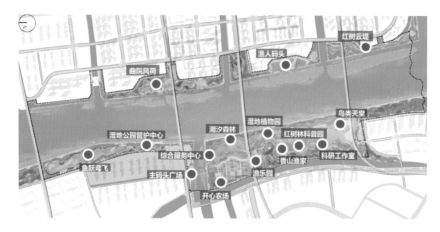

图 6.90　重要景点布置图

（1）注重湿地保护，改善生态环境

公园处于珠江口岸、咸淡水交汇处，内部有丰富的红树林资源，也是世界八大候鸟迁徙带上的重要节点。公园设计以保护红树林湿地资源为重点，以恢复横门西水道近海与海岸湿地生态系统为宗旨，以改善周边动物的栖息环境为核心。营造不同深度、宽度、长度和形态的滩涂、内湖、岛屿等拟态生境，模拟红树林自然结构，构筑安全稳定的红树林生态体系。与此同时，将珍稀红树品种的展示融入丰富多彩的游览体验之中，打造红树林"博物馆"。

设计以"生态、绿色、经济"为原则，尽量保留原有道路，采用接近自然的材质，选用灰色系为主。车行道路主要运用沥青材质；人行道路主要运用烧结砖、混凝土。局部重要滨水区、岛屿区，采用木栈道和花岗岩材质（图 6.91～图 6.94）。

图 6.91　潮汐森林

图 6.92　湿地植物园

图 6.93　红树林科普园

图 6.94　鸟类天堂

（2）强调特色文化，融入当地风俗

设计通过特有元素的重现和融入来体现地域历史文化与民俗风情。香山渔家节点以古香山渔村中的民居布局为蓝本，融合岭南建筑特有的山墙元素，配合大榕树、石拱桥、石驳岸等小品，从景观意境功能的需要出发，结合环境进行布置，凸显生动别致的景观风格。主入口的服务中心建筑、园内各类小品，均采用夯土、毛石墙、木材等更能体现乡土风貌的建筑工艺及材料来表现文化特色。湿地公园在各重要景点和主次入口，设置了多个配套的管理服务建筑，在绿道沿线设置了生态厕所和驿站（图6.95～图6.97）。

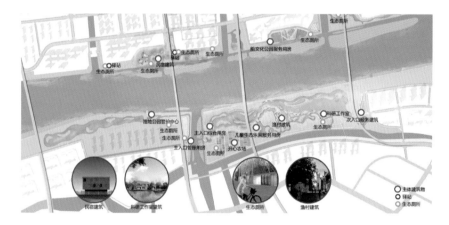

图 6.95　建筑布置图

图 6.96　综合服务中心

图 6.97　湿地公园管护中心

景观生境共同体的理论与实践

（3）打造热点线路，助力生态旅游

湿地公园内主要分为水上游线和陆上游线，满足不同人群旅游活动需求。游客可以在内部水上游线，乘摇橹船在红树林中穿梭，感受不同品种红树林的特点。同时，结合陆上的科普宣教、开心农场、渔人码头、香山渔港游线，使得游客对红树林生态系统、中山民俗文化等进行深入了解。码头设计遵循公园的总体设计理念，结合内外海潮汐水位变化和功能上的需要，码头设计了六种形式，主要有对外码头、摇橹船码头、游船码头、管护码头等（图6.98～图6.102）。

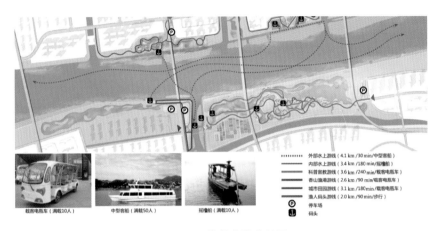

图 6.98　旅游路线分析图

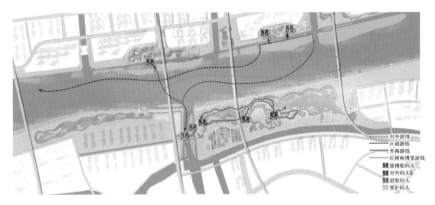

图 6.99　码头分析图

图 6.100　开心农场

图 6.101　渔人码头

图 6.102　香山渔港

（4）科普教育宣传，彰显科研价值

公园内设有科普宣教展馆，用来展示红树林生态保育、湿地保护等相关科普知识以及中山当地的人文历史与民俗文化。设计还将科普教育延伸到户外，如公园内的红树林景观配置，在多样化造景的同时，也可以让游客在游览过程中更加直观地了解相关科普知识。将游览和学习融为一体，做到真正意义上的寓教于乐（图 6.103 ～图 6.105）。

设计红树林生态群落总面积为 91 ha，其中保留保育原有红树林面积为 50 ha，新恢复红树林面积为 41 ha。

红树林

图 6.103　红树林保育以及恢复分布图

图 6.104　科研工作室

图 6.105　红树云堤

6.3.4 专业协同

1）植物设计

（1）林带建立及分布策略

依据场地形态分布不同类型的林带。驳岸区域以木麻黄防护林为主，重点区域布置主题景观林。以混交林和背景林界定湿地围合空间。开敞空间区位分布低密度生态林。对红树林及原生林采取就地保留涵养措施。

（2）地被草坪种植及分布策略

项目以生态地被及生态草滩为主要地被形式，景点区域布置观赏价值高的观花地被及人工修剪地被，林下区域覆盖耐荫草坪等地被。

（3）水生植物种植及分布策略

场地内淡水水生植物存在形式以自然原生、生态组合、分类展示为主；咸水水生植物以红树林及伴生植物为主要类型。

主要植物分布与分区植物设计如图 6.106～图 6.108。

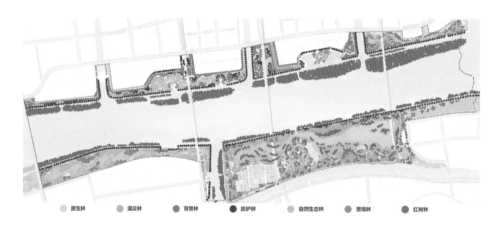

　　原生林　　混交林　　背景林　　防护林　　自然生态林　　景观林　　红树林

图 6.106　林带分布策略

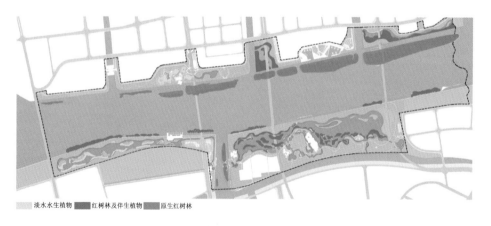

　　淡水水生植物　　红树林及伴生植物　　原生红树林

图 6.107　水生植物及红树林分布策略

图 6.108　分区设计

2）水系设计

（1）外部水系分析

场地位于珠江入海口，紧邻伶仃洋。由西北流向东南的横门水道，在马鞍岛西北角分为东西两条水系。其中，西边的横门西水道自北向南流经湿地公园，随即汇入伶仃洋（图6.109）。

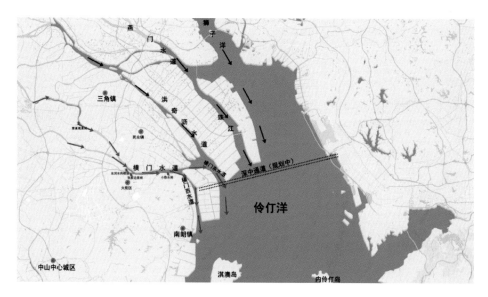

图 6.109　外部水系

（2）内部水系设计

外部水系：低潮 −0.47 m，高潮 0.62 m；控制水系：常水位 0.00 m，高潮 0.60 m；场地内根据内部水系控制标高（图 6.110）。

图 6.110　水系分布示意

（3）给排水工程设计

本工程给排水设计内容包括：中山翠亨国家湿地公园区域的生活给水系统、污水及雨水系统、绿化浇灌系统等（图 6.111～图 6.113）。

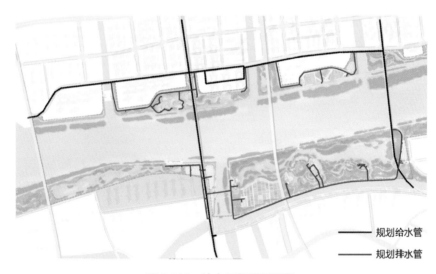

图 6.111　给水工程总平面图

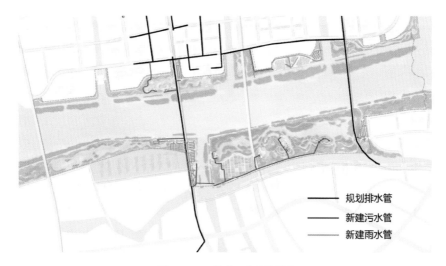

规划排水管
新建污水管
新建雨水管

图 6.112　排水工程平面图

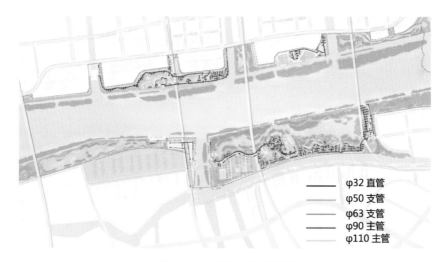

φ32 直管
φ50 支管
φ63 支管
φ90 主管
φ110 主管

图 6.113　灌溉工程平面图

（4）驳岸设计

驳岸设计遵循公园的总体设计理念。设计在符合技术要求的条件下保证驳岸的造型美，使驳岸与水线形成的连续景观线，同周边环境相协调统一。驳岸按断面形式可分为七大类：现状驳岸、现状改造驳岸、自然生态驳岸、砌石驳岸、码头驳岸、杉木桩驳岸、台阶驳岸。现状驳岸、现状改造驳岸位、码头驳岸于周边滨水区域，为整形式直驳岸，在原有驳岸基础上加以改造，适应风浪大、水位变化大等自然条件；砌石驳岸、台阶驳岸与休憩空间相连，为硬质驳岸，满足运动休闲和亲水娱乐需求；杉木桩驳岸和自然生态驳岸采用自然缓坡形式，驳岸植物搭配大小变化、疏密有致，形成自然怡人的滨水景观（图 6.114）。

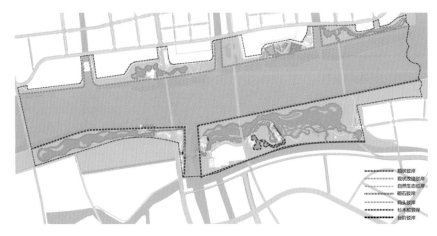

图 6.114　驳岸设计类型

3）交通系统设计

（1）外部交通设计

基地设有一个主要出入口、三个次要出入口，临近对外城市道路布局。基地重要节点、出入口及高架下灰色空间布局停车设施，有效服务公园。其中，科普宣教区倡导低碳、绿色理念，以电瓶车通行为主要交通方式（图 6.115）。

图 6.115　外部交通设计图

（2）内部交通设计

内部道路以环形布局为主，分为主要园路、次要园路、栈道三级。其中，主要园路5~9 m，承担车行、绿道功能；次要园路2~3 m，承担步行功能；栈道1~1.5 m，承担滨水漫步功能。场地内涵盖大面积水域，水上线路分两类。横门水道内为对外线路，结合马鞍岛，开展观光、科普、科研等活动；内部水域为内部游线，开展生态自然观光等活动，结合各区域水面特性、重要节点等布设游船码头（图 6.116）。

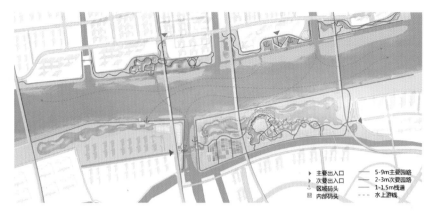

图 6.116　内部交通设计图

（3）桥梁工程设计

桥梁主要以人行桥为主，局部为车行桥，共计 17 座桥梁，主要沿着湿地公园景观步道及栈道布置（图 6.117）。

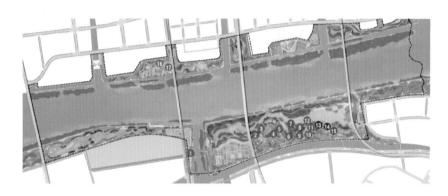

图 6.117　桥梁分布图

4）卫生设施布置

根据公园绿地规范，垃圾箱沿道路布置；园区内沿绿道和重要节点需要，每 100 m 设置 1 个，共计约 70 个。垃圾站主要布局在主次入口和重要节点处，园区内设置了 5 处。厕所主要结合规划建筑布局，建筑内配套厕所 9 处；沿路增设生态厕所，每 500 m 设置 1 处（图 6.118）。

图 6.118　卫生设施布置图

5）标识指示牌设计

标识指示牌结合道路和景点布设，分为景区简介标识、景点指示牌和警示牌等（图6.119）。

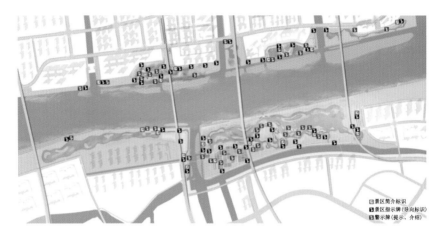

图6.119　标识指示牌分布图

6）管护服务设施设计

场地中设置了3座水质监测站。按照国家水体水质监测站布局规范，园区内在咸淡水交汇处和重要水利点进行水质监测站设置。园区内设置1座防灾救灾中心，位于主入口综合用房内。园区内还设置1座动物保护中心，位于科研工作室内，主要对湿地动物进行研究、保护和救治（图6.120）。

图6.120　管护和服务设施布置图

7）电气工程设计

本工程电气设计内容包括湿地公园室外景观变配电系统、沿岸服务用房及配套附属用房的低压配电系统、亮化照明及管线设计等。

6.3.5　实施效果

中山翠亨国家湿地公园项目以"景观生境共同体"理念进行规划设计，突显生态性、地域性和参与性原则，打造出集生态养护、观光游览、科教宣传等于一体的综合型生态旅游复合体（图 6.121～图 6.127）。

图 6.121　空间格局

图 6.122　生态修复状况

图 6.123 红树林景观

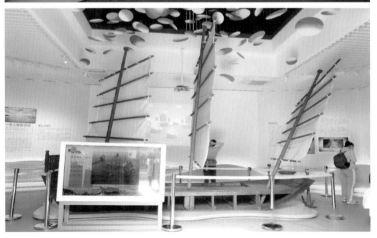

图 6.124　科普教育空间

图 6.125　附属设施

图 6.126　码头栈桥

图 6.127 标识系统

6.4　滨水景观——江宁秦淮河景观

江宁区秦淮河（将军大道—正方大道段）景观建设工程项目是南京市江宁区"十三五"重点建设工程，设计运用了"景观生境共同体"规划设计实践体系理念，以"复兴秦淮河"为设计理念，保护生态环境，塑造滨水空间，结合历史人文，完善城市功能。在提升河段防洪能力的同时，打造展现秦淮文化魅力的滨河活力绿道。

秦淮河作为"中国第一历史文化名河"，经整治建设后焕发出新时代面貌，成为水绿相生的自然体验基地、现代历史呼应的多元文化平台、观光休闲一体的生态人文绿道。项目得到了市民的广泛好评，先后荣获 2019 年度南京市优秀园林和景观工程设计一等奖、2019 年度江苏省风景园林协会优秀风景园林设计奖、2019 年度江苏省城乡建设系统优秀勘察设计二等奖、2020 年度江苏省第十九届优秀工程设计二等奖、第九届艾景奖国际园林景观规划设计大赛年度优秀景观设计奖。

6.4.1　项目概况

1）项目区位

秦淮河具有深厚的生态和历史文化内涵，是南京最大的地区性河流，在南京的生态环境中处于重要地位，是南京的母亲河。其作为长江主要支流，上源大的分支有两个，一为自东向西的句容河，出自宝华山，一为自南向北的溧水河，出自溧水东庐山，二水在江宁东山的西北村交汇北流，过南京而入长江。历史上，秦淮河具有航运、灌溉作用，孕育了悠久的南京地方文化，被称为"中国第一历史文化名河"（图 6.128）。

南京市位置示意

东山副城在江宁区所处位置示意

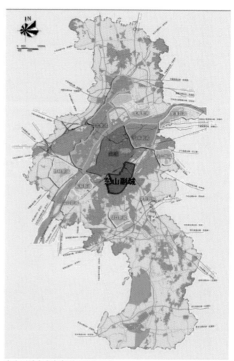

东山副城在南京市所处位置示意

图 6.128　项目区位

江宁秦淮河由两部分组成，将军路至双龙大道段为新开辟秦淮河段，称为秦淮新河；双龙大道至正方大道段为秦淮河主线，称为外秦淮河。周边现状交通以双龙大道（宁溧路）、天元路、诚信大道为主要对外联系通道。

本次设计范围为秦淮新河与外秦淮河在江宁区的沿线两侧风光带，河道长度约20 km，两侧风光带总用地面积约为670 ha，投资额约10亿元（图6.129）。

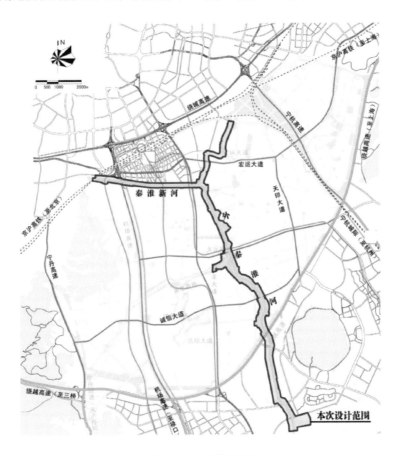

图6.129　设计范围

2）上位规划

（1）江宁区总体规划

秦淮河景观提升工程将是区内环境品质优化和旅游发展的重要引擎。江宁区上位规划定位为高品质的都市新城区，秦淮河江宁段穿越多个功能区，片区内规划有大东山现代都市风光旅游片、秦淮河旅游片等以秦淮河为核心的旅游片区（图6.130）。

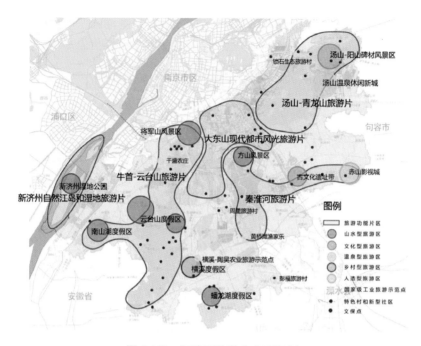

图 6.130　江宁区旅游业布局规划

（2）东山副城总体规划

项目设计核心段位于东山副城，以南京绕城高速为界两区段周边用地性质及功能定位存在较大差异（图 6.131）。场地设计应结合周边用地性质，兼顾中心片区功能发展促进和秦淮河景观带打造两方面的需求。具体实施中，秦淮新河（东西向）规划新秦淮文化休闲景观；秦淮河（南北向）规划秦淮河公共生活景观带。

图 6.131　东山副城总体规划

（3）秣陵街道总体规划

秦淮河秣陵街道段打造城市人文景观旅游区，重点展示城市人文风情（图 6.132）。其中秦淮湿地公园旅游区以湿地景区为平台，是整合生态农业、科普教育和旅游观光三个主题的复合型生态空间，构建复合型生态农业旅游空间。滨水风情景观游线沿城市内部水系构建，与陆上游线相辅相成。

（4）用地规划

江宁主城区用地规划如图 6.133。

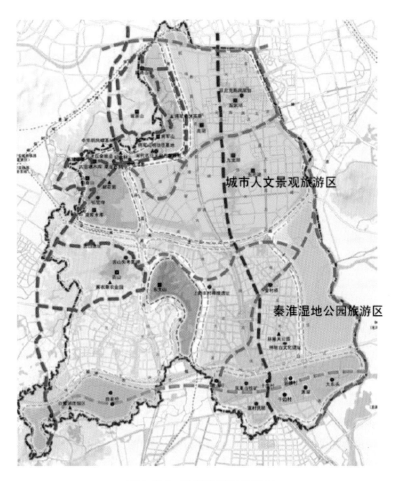

图 6.132　秣陵街道总体规划

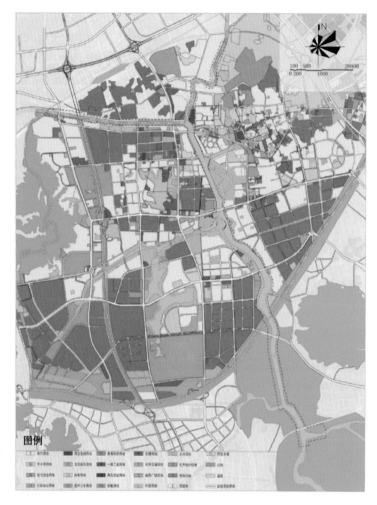

图 6.133　江宁区用地规划示意图

3）现状分析

（1）现状河道分析

A. 周边支流水系丰富，但水质污染较严重。设计水系由秦淮河、秦淮新河、外港河、牛首山河、云台山河及沿线其他支流和鱼塘等构成，全段水质均在Ⅳ类以上，规划设计可通过源头截污、湿地净化等措施减轻水系水质污染。

B. 设计河段现状防洪堤基本满足历史最高水位防洪要求。秦淮河常水位 7.5 m，警戒水位 8.5 m，最高水位 11.17 m，设计段内大部分河段堤防可满足历史最高水位防洪要求；少数不满足防洪要求河段，需对防洪堤进行修补。

C. 现状驳岸类型多样且多为硬质驳岸，生态功能丧失。秦淮河设计段现状驳岸形式多样，包括园林式挡墙驳岸、防洪堤岸、园林式台地驳岸、园林式草坡驳岸、自然式原始堤岸、园林式阶梯驳岸、自然式原始堤岸（滩涂）等七种驳岸形式。

D. 沿岸排水口数量众多，是秦淮河水质污染的主要来源。秦淮河设计段两岸水利设施密布，现存有污水处理厂 3 家，排水口 37 个，泵站房 14 座，堰坝 2 个。部分排水口有偷排污水现象，造成秦淮河水质污染（图 6.134）。

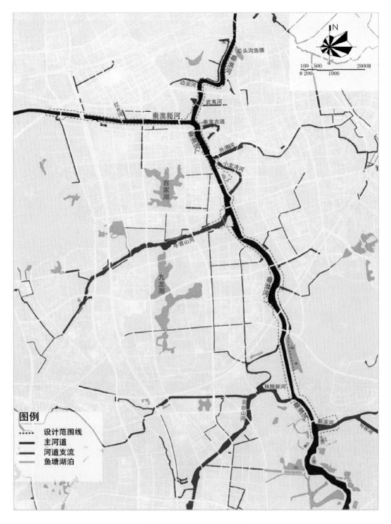

图 6.134　河道现状

（2）现状交通分析

A. 场地周边交通路网发达，可达性较高。场地周边主要有绕城高速、宏运大道、天元路、诚信大道等城市道路，规划应考虑人群通过外部交通到达场地，并设计适宜密度的活动空间（图6.135）。

B. 现状堤顶路面材质杂乱，缺乏连续性。现状堤顶路面层材质及尺寸形式各异，后期需根据场地风貌及通行需求，对堤顶路面材质和尺度进行统一规划设计。

C. 桥下空间。秦淮河设计段桥下空间共有 36 处，后期设计中根据桥下空间情况，依据需求规划设计下穿型慢行道路。

D. 现状部分桥梁不满足四级航道通航要求，规划设计中进行改建。为满足四级航道通航要求，现状需改建的桥梁包括将军路桥、曹村桥、河定桥、东山桥、胜太桥、天元桥、诚信大道桥。

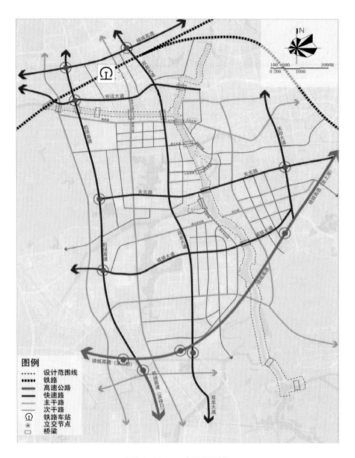

图 6.135　交通现状

（3）现状植被分析

秦淮河设计段两岸由于缺乏统一规划，现各河段植被风貌存在差异，植被配置杂乱，降低了滨水空间环境品质，现状植物形成五个风貌区。

A. 场地北段至秦淮河北大桥。植被生长良好，植物品种相对单一，集中于堤顶路两侧。主要品种为香樟、垂柳、栾树、紫叶李等，存在部分构树等野生大乔木。

B. 场地西段至东山桥。乔木长势良好，茂密繁盛，集中分布于河岸两侧，但并未连续。靠近西侧主要为水杉林，靠北侧区域主要为香樟林和垂柳林，除大片乔木林外，还有部分长势较好的构树、紫薇、女贞等乔木。酒吧街区域因近期施工，植被已被全部铲除。

C. 东山桥至天元桥。堤顶路两侧植物茂密，以香樟为主，靠近 21 世纪假日花园小区植物品种也较为丰富，长势较好。金王府东侧主要有碧桃等观花小乔木，长势良好。而杨家圩湿地公园植物整体效果良好，未来设计中予以保留和提升。

D. 天元桥至诚信大道桥。植物长势良好，堤顶路两侧分布茂密的行道树，品种以雪松、女贞、香樟和垂柳为主，部分区域有银杏、桂花、樱花等。诚信大道桥至场地南端行道树配置杂乱，地被缺乏，大部分区域植被为农田及自然植被，未进行景观设计（图 6.136）。

（4）现状人群活动分析

由于周边用地的差异，形成不同密度的活动聚集区。以杨家圩为中心的区段人群密集度较高，居住区段人群密度中等，上游郊野区段人群活动较少，规划中针对人群活动规律设计相应的活动空间（图 6.137）。

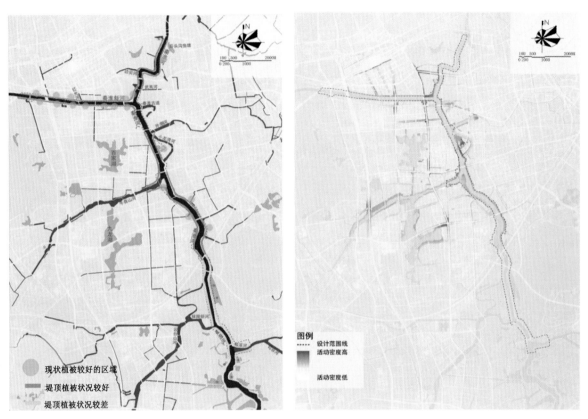

图 6.136　植被现状　　　　　　　　　　　　图 6.137　人群活动现状

6.4.2　规划引领

江宁秦淮河景观建设工程项目是南京市江宁区"十三五"重点工程，项目以"保障水安全、改善水环境、美化水景观"为目标，在保障航道、水利安全的前提下，统筹原有场地复杂情况，多专业兼顾。在深度挖掘"中国第一历史文化名河"厚重历史文化资源的同时，优化城市滨水空间，保护修复生态环境，有效结合城市功能区划，将城市与河道融合为有机整体，凸显秦淮河的区域影响力，形成新的旅游热点，编织人文脉络，彰显秦淮文化特色。

1）规划策略

总体规划策略如图 6.138 所示。

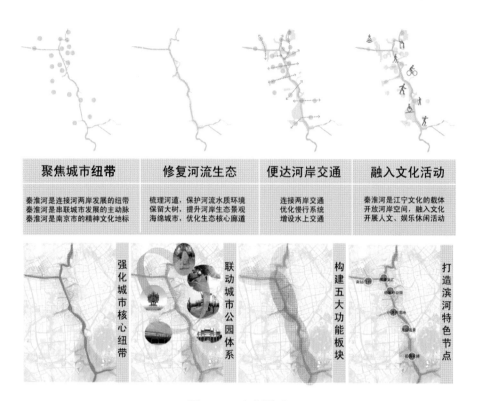

图 6.138　规划策略

2）规划主题

设计以"钥匙"作为切入口，从生态、智慧、艺术、活力、田园等角度展开，打造秦淮河休闲风光，体现秦淮河人文情怀（图 6.139）。

图 6.139　规划主题

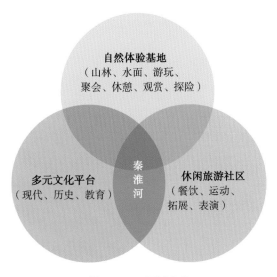

图 6.140　规划定位

1 生态之河
以水为纽带，修复生态

2 文化之河
以水为纽带，融汇古今

3 繁华之河
以水为窗口，复兴秦淮

图 6.141　规划愿景

3）规划定位

规划定位将秦淮河建设成为具有区域影响力、独具特色的历史文化名河，山水城林交融的自然体验基地，现代历史呼应的多元文化平台，观光度假一体的休闲旅游社区（图 6.140）。

4）规划愿景

规划愿景将秦淮河打造为生态之河、文化之河、繁华之河（图 6.141）。

5）综合交通规划

慢行系统沿河堤两岸展开，连接各个重要节点和城市交通换乘枢纽（图 6.142）。

图 6.142　综合交通规划示意图

6）风景游赏规划

风景游赏规划按"日、周、月、季节"时间节点进行设计（图 6.143）。

● 日　游憩活动景点：

晨夕健身
林荫散步
户外拓展
有氧运动
……

● 周　游憩活动景点：

片区文化长廊
片域秦淮观光
分类户外科普
自然生态体验
……

● 月　特色活动景点：

一月　新年聚会	七月　金陵啤酒节
二月　春节灯会	八月　浪漫七夕节
三月　风筝节	九月　中秋赏月节
四月　秦淮踏青	十月　重阳登高
五月　水上音乐节	十一月　花船巡游
六月　端午龙舟赛	十二月　方山大鼓

● 季节　主题活动景点：

春季	夏季	秋季	冬季
踏青赏花	水上活动	扑蝶捉虾	年节主题
龙舟比赛	自行车赛	家族赏枫	灯会猜谜
郊野聚会	赏水赏景	科普体验	水上巡游
健身观光	林荫散步	秦淮垂钓	民俗表演

图 6.143　风景游赏规划

7）植物种植规划

植物种植规划按不同绿地类型实施，主要绿地类型包括公园绿地、滨水景观、广场景观及街头游园、湿地景观、郊野及防护绿地、绿道等。

（1）公园绿地

植物配置以组群式为主，总体把握空间组织，形成疏密有致、张弛结合的韵律变化，避免平铺直叙。

（2）滨水景观

山和水融成一体，植物配置结合地形、道路、岸线布局，形成有近有远、有疏有密、有断有续、曲曲弯弯、自然有趣的景观效果。

（3）广场景观及街头游园

入口及轴线以修剪整齐、规律式栽培的植物为主，同时营造遮荫的人性化景观空间。

（4）湿地景观

以还原自然环境、保护生态景观为主，还原野趣的自然景观。

（5）郊野及防护绿地

以自然抗性强、养护成本低的植物品种，搭配保留植物形成生态化植物空间。

（6）绿道

自然抗性强、养护成本低的植物品种，搭配保留植物形成植物空间。

6.4.3 景观导向

景观导向分为一个生态核、一个文化轴、三条景观带（图 6.144）。

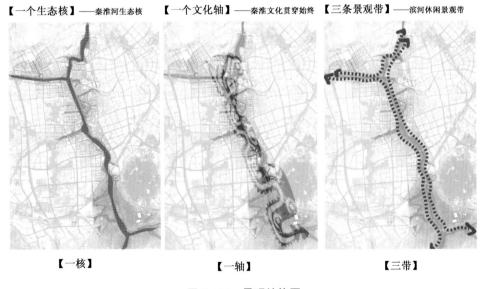

【一个生态核】——秦淮河生态核　**【一个文化轴】**——秦淮文化贯穿始终　**【三条景观带】**——滨河休闲景观带

【一核】　　　　　【一轴】　　　　　【三带】

图 6.144　景观结构图

以生态为核：秦淮河生态核作为江宁区的生态核心，通过"生态恢复、河水净化"改善江宁区乃至整个南京市的生态环境。

以文化为轴：秦淮河是南京的母亲河；古城南京有着丰厚的文化底蕴，历史上为帝都郊郭之地，数度成为政治、经济、文化中心。将古城地域特色文化贯穿秦淮河风光带，打造城市文化轴。

为空间为魂：滨河休闲景观带作为江宁主要的滨水纽带，沿河景观的打造为周边居民乃至整个江宁和南京的市民带来丰富的活动空间。

1）景观分区

结合历史文化、景观和城市特征，可以把整个项目的秦淮河滨河区域分为五个不同的地带。门户形象区——迈步入秦淮，绿轴挑台，清风碧透；创意文化区——儒甲遍四方，画舫船舸，艺化堤岸；都市运动区——核心生活圈，聚居之地，富有活力；休闲体验区——漫步秦淮岸，花香烂漫，生机盎然；郊野养生区——郊野农耕趣，鱼米之乡，田园养生（图6.145）。

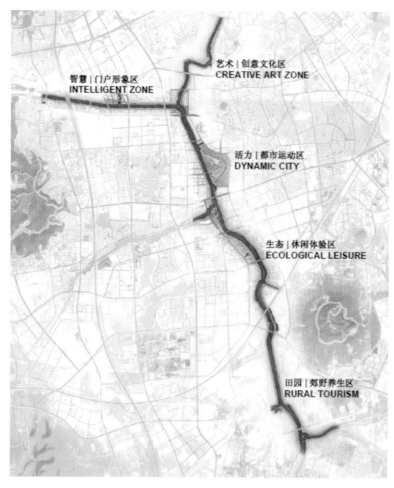

图 6.145 景观五大功能分区

2）以生态为核

以湿地浮航（滨河体育公园）为例，梳理现状自然资源，将此处定位为生态休闲活动景观。该片域位于牛首山河和秦淮河交叉口区域，利用一些现状自然岛屿，丰富亲水栈道，结合秦淮二十四浮航文化，将人行栈道南北连通，成为一处富有特色的秦淮文化景点，取名"湿地浮航"（图6.146）。

图例

1.体育广场
2.树阵广场
3.草台
4.儿童活动场地、健身场地
5.标准篮球场
6.标准篮球场、乒乓球场地
7.跑道
8.七人制足球场
9.覆土建筑
10.停车场
11.芦雁广场
12.南入口
13.主园路
14.赏花步道
15.湿地栈道
16.草坪活动
17.浪漫花海
18.色叶林带

景观研究范围138 600 m²
景观设计范围148 400 m²
绿地率≥71%
生态停车位约100个
临时停车位约50个

图6.146 滨河体育公园平面图

结合现状场地设计了观景台地，并在其上设计一处具有城市特色的地标构筑物。这个区域的附近有一些商业中心，在此植入城市体育运动场地，创造出更加休闲的活动空间，并将之融入自然，用生态氛围辐射周边城市景观（图6.147）。

图6.147 滨河体育公园效果图

6 景观生境共同体的实践

3）以文化为轴

以月映秦淮（河定桥节点）为例，东山秋月是金陵四十八景之一。谢安隐居东山之时，常与名人雅士把酒当歌、对月吟诗，又在中秋夜在东山之上欣赏那轮皎洁的明月，由此得来"东山秋月"景名。后代的名人墨客纷纷效仿，使得中秋节去东山赏月一直延续至今。

设计结合规划条件，将周边绿地、城市空间往河道延伸，设计了台阶式看台、亲水栈道，用滨水码头、观景平台营造良好的亲水条件。设计保留了堤顶路，并通过人行桥实现酒吧街和产业园的空间衔接，桥命名"秋月桥"，其倒影映于水中，与"东山秋月"的意境相呼应，由此形成了秦淮河的节日观景赏月基地。设计将现状堤顶路作为自行车道和步行道，并新增了停车场，便捷车行交通（图6.148～图6.150）。

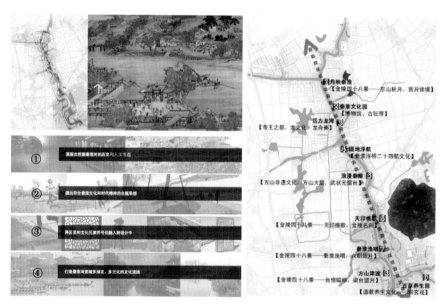

图6.148　秦淮文化

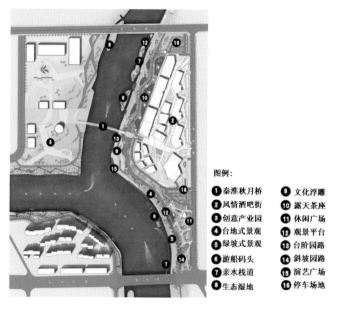

图例：
- ❶ 秦淮秋月桥
- ❷ 风情酒吧街
- ❸ 创意产业园
- ❹ 台地式景观
- ❺ 绿坡式景观
- ❻ 游船码头
- ❼ 亲水栈道
- ❽ 生态湿地
- ❾ 文化浮雕
- ❿ 露天茶座
- ⓫ 休闲广场
- ⓬ 观景平台
- ⓭ 台阶园路
- ⓮ 斜坡园路
- ⓯ 演艺广场
- ⓰ 停车场地

图6.149　月映秦淮平面图

图 6.150　月映秦淮效果图

4）以空间为魂

秦淮滨河休闲景观带作为江宁区主要的滨水纽带，沿河景观的打造可结合市民活动需求和城市节日庆典，完善城市景观基础设施，形成城市公共休闲生活长廊，建立人和母亲河之间的亲水联系（图 6.151）。

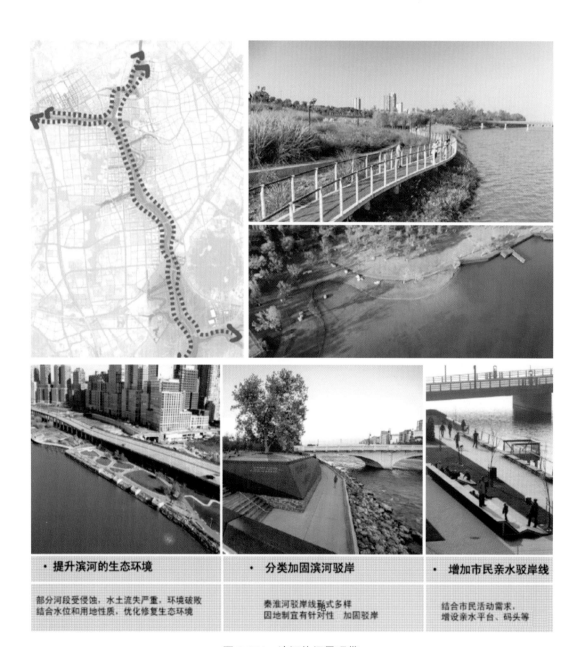

- 提升滨河的生态环境

部分河段受侵蚀，水土流失严重，环境破败
结合水位和用地性质，优化修复生态环境

- 分类加固滨河驳岸

秦淮河驳岸线形式多样
因地制宜有针对性 加固驳岸

- 增加市民亲水驳岸线

结合市民活动需求，
增设亲水平台、码头等

图 6.151　滨河休闲景观带

以杨家圩两侧区域为例，在本次设计中，以核心区为先导，立足优越的地理位置和优质的滨水资源，在景观空间中融入丰富的游憩功能。围绕秦淮文化，设计1 km长的龙舟赛道，并在杨家圩公园一侧布置了龙舟赛的起点和终点码头，满足举行节日主题活动的需要。结合河道形态，两岸设计了连通的滨水栈道、市民活动广场、观景平台、龙舟赛看台等多种形式的景观台地，沿岸丰富的景观空间将大量人流引向水边，为城市注入新活力，使此处成为有趣味的滨水活力空间（图 6.152、图 6.153）。

6.4.4 专业协同

1）重塑滨水空间，水利与景观相融

设计将水利工程要求与景观需求融合起来，既保证了秦淮河防洪排涝能力，保障流域安全、提升河流水质；又重塑了城市滨水空间，将市民亲水、观景需求及水利防洪安全需求统一起来，优化生态核心廊道，营造空间多样、层次丰富的岸线景观（图 6.154）。

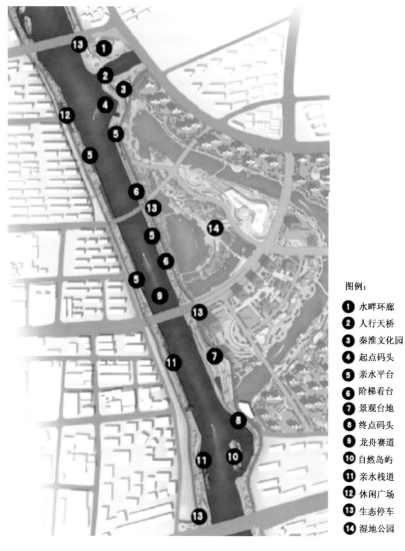

图例：

① 水畔环廊
② 人行天桥
③ 秦淮文化园
④ 起点码头
⑤ 亲水平台
⑥ 阶梯看台
⑦ 景观台地
⑧ 终点码头
⑨ 龙舟赛道
⑩ 自然岛屿
⑪ 亲水栈道
⑫ 休闲广场
⑬ 生态停车
⑭ 湿地公园

图 6.152 杨家圩平面图

图 6.153　杨家圩效果图

图 6.154　滨水空间

2）打造慢行系统，生态与人文相生

设计优化游览出行路线，在桥梁地段采用下穿型人行道和空中栈桥的形式，保证人行游线的连续性，全线贯通秦淮河两岸滨水通道。绿道设计打造有文化意味的游憩空间，满足市民多样的休闲活动需求，沿线景观节点融合秦淮人文历史资源，展现了"金陵四十八景"的人文胜迹与秀丽风光（图6.155）。

图 6.155　慢行系统

3）全年龄归属感的运动公园

受疫情影响，公众对身体健康尤为重视，全民健身的理念凸显。现代新型的公共开放空间贯彻这一理念，为公众提供开展运动的绿色场地。体育公园设置多种活动空间，配置全民运动设施，兼顾现代与传统运动，满足不同年龄段的人群需求。通过置入户外学习场地，满足孩子们探索、挑战的天性，让他们在场地中找寻并发现乐趣。同时融入人文特色，通过软景与硬景的巧妙结合，重现田园都市主义和城市工业印记，唤起老一代人们记忆中的秦淮印象，使公园成为现代文化的载体，使人们找回归属感（图6.156）。

图 6.156　运动公园

4）点亮特色夜景，活力与繁华相映

设计以"夜秦淮"为亮化主题，在城市段、核心段、郊野段分别采用不同的规划策略。河流、人群、景观、城市在夜间相互间达到融合，为市民在夜间活动提供了良好的环境；同时遵循节能环保理念，景观照明采用太阳能光伏清洁能源。

以秦淮河为核心，沿河两岸为轮廓，重点亮化主要景观节点。遵循节能环保的国家基本政策，控制景观照明量、避免光污染。景观照明设计做到主次有序，色彩层次分明，照明手法多样，形成协调、连贯的景观带。将景观空间设计理念在夜间延伸和升华。建筑群、桥梁的照明设计与景观带、景观节点的设计元素相互呼应。临水区照明设计采用高亮度、色彩鲜艳的照明风格，远水区采用低亮度、色彩素净的照明风格，做到远近景层次分明、动静结合，打造出繁华的沿岸夜景风光（图6.157）。

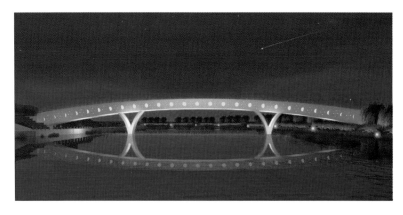

图 6.157　夜景效果图

图 6.158　海绵城市理念体现

5）置入海绵设施，"蓝"与"绿"相成

工程充分遵循海绵城市设计理念。采用透水沥青、透水混凝土、竹木板等可渗透的铺装材料，增加透水下垫面面积。在绿地系统中，根据不同地段的实际需求置入雨水花园、植草沟等海绵设施。全线雨水下渗、过滤、收集后就近横向排入河道（图6.158）。

6.4.5 实施效果

江宁区秦淮河景观建设工程设计与实施中运用"景观生境共同体"理念，在塑造优美滨水环境的同时，将生态效益与城市功能并举，使江宁区秦淮河滨水带焕发出盎然生机（图6.159～图6.164）。

图6.159 滨水空间

图 6.160　文化旅游设施布置

图 6.161　海绵城市设置

图 6.162　慢行系统

景观生境共同体的理论与实践

图 6.163　体育公园

图 6.164　夜景亮化

6.5　公园城市——溧阳焦尾琴东入口公园

2018 年 2 月，习近平总书记在视察成都天府新区时，首次提出"公园城市"理念，指出要突出公园城市特点，把生态价值考虑进去，努力打造新的增长极，建设内陆开放经济高地。"公园城市"将公园形态与城市空间有机融合，生产、生活、生态空间相宜，自然、经济、社会、人文相融合，从而满足人民日益增长的对优美生态环境的需要，是"美丽中国"中"美丽"的重要组成部分。

焦尾琴东入口公园项目设计运用"景观生境共同体"规划设计实践体系，以焦尾琴文化为主题，统筹文化传承、旅游带动、空间优化、土地利用、水体治理等各个层面，彰显文化特色，对焦尾琴、名仕、山水等在地文化进行演绎，将城市公共空间与自然联系起来，谱写出一段悠扬的城市新乐章。项目建成以后，获得了 2021 年度南京市优秀工程设计奖二等奖、2021 年度江苏省城乡建设系统优秀勘察设计二等奖。

新春佳节之际，公园内举办大型灯光秀，打造靓丽"夜公园"。央视曾连续两天在《新闻联播》《第一时间》节目中对这一盛况进行了报道（图 6.165）。

图 6.165　溧阳焦尾琴夜公园新闻报道

6.5.1　项目概况

焦尾琴东入口公园位于江苏省溧阳市城西，紧邻奥体大道，占地面积约 10 ha，总投资额约 5 600 万元。设计将城乡绿地系统和公园体系、公园化的城乡生态格局和风貌联系起来，把"市民—公园—城市"三者关系的优化和谐作为创造美好生活的重要内容。融入场地自然资源及文化资源，组织公园游线，合理布局地块功能，营造简洁明快、人文特色鲜明的现代滨水公园景观，构建人与自然和谐发展新格局。

1）项目区位

溧阳隶属于江苏常州市，地处长江三角洲南部，与苏、浙、皖三省接壤，是宁杭生态经济带上重要副中心城市和示范区（图 6.166）。

在"宁杭生态经济发展带"发展规划中，溧阳的建设发展起到先行先试作用，聚焦"建设宁杭生态经济带最美副中心城市"这一目标。溧阳美，美在生态美、产业美、生活美，作为长三角拥有优良自然资源的区域，溧阳群山环抱、碧波荡漾，国家级旅游度假区、国家 5A 级景区的殊荣更是让溧阳天目湖成为中国精致山水的代表。

以"宁杭生态经济发展带最美副中心城市"目标愿景，打造宁杭经济带重要副中心城市、长三角生态休闲旅游城市、苏浙皖交界地区交通枢纽城市。

2）设计范围

规划用地位于焦尾琴公园东侧，紧临奥体大道，北侧为天颐谷，南侧为奥体中心，总用地面积约为10 ha。规划区紧邻城市干道，对外交通便利；内部场地有一定的高差变化，池塘水面较多，呈原生自然面貌（图6.167）。

焦尾琴公园位于城市发展框架的核心区位，与城市主要功能组团联系紧密，是满足市民日常需求的城市公园；同时也是联动周边自然资源、构建"山水连城"生态新格局的重要载体，兼具生态与生活双重属性。

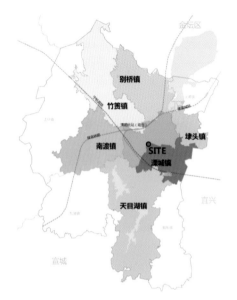

图6.166　项目区位

图6.167　设计范围

3）上位规划

（1）《溧阳市城市总体规划（2016—2030）》

溧阳作为宁杭经济带重要副中心城市、长三角生态休闲旅游城市、苏浙皖交界地区交通枢纽城市，其发展目标主要是围绕建设"宁杭生态经济发展带最美副中心城市"愿景，努力建设"经济强、百姓富、环境美、社会文明程度高"的新溧阳。坚持城镇化与工业化、信息化、农业现代化同步发展，通过特色发展和转型发展，将溧阳建设成为生态环境优美、城乡空间集约、特色经济高效，具有独特地域特色的美好城市（图6.168）。

"规划"凸显了溧阳山水城市特色，强化了"区域融合、山水入城"的生态大格局；形成集休闲、生态、游憩、景观等多元功能于一体的城市绿地公园（图6.169）。

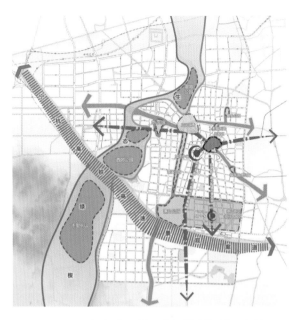

图 6.168　溧阳中心城区空间景观规划示意图

（2）《溧阳西郊公园景观规划及重点地段景观设计方案》

设计理念：渗透、交融、共生。

总体定位：以山林游憩、生态体验、运动康体和文化休闲为主要功能的城市山地休闲公园和 4A 级景区。

规划结构：一心，即山林生态保育区；一环，即公园游憩功能环带；一界面，即城市缓冲界面。

功能分区：山地森林游憩区、主题乐园区、体育公园区、文化公园区、民俗印象村落区、花卉农业观赏区和园中园休闲游览区（图 6.170）。

图 6.169　中心城区用地规划示意图

图 6.170　溧阳西郊公园景观规划及重点地段景观设计

（3）《溧阳市体育公园周边城市设计》

设计理念：气、韵、生、动。

总体定位：以山水为脉、以健康为魂、以文化为链的城景交融地区。

功能分区：天颐谷为康体养生区、晖草湾为文化休闲区、砺山园为体育健身区、乐居城为生态居住区、盛华州为综合服务区（图 6.171）。

（4）《溧阳市市民服务中心、奥体教育中心、体育中心设计策划》

以西郊公园设计方案为基础，将地区内已确定的项目进行落位后，总体格局如图 6.172 所示。综合考虑可开发用地规模、道路交通便捷度、自然山体屏障以及地区自东向西的开发建设时序，选择西南地块布局任务书要求的内容。北侧平陵西路地块更适合布局焦尾琴公园主要活动项目。

方案设计以原体育中心设计方案为基础，充分考虑区域公共服务功能完善需要和任务书要求，规划设计天目湖特殊教育学校、梅园小学、溧阳市市民服务中心，并对各类球场、户外健身设施、停车场地等内容进行共建共享，满足区域整体要求。

4）现状分析

规划用地西侧为自然山体，地势西高东低；东侧沿奥体大道展开，面向城市界面，其中南环西路为主要的接入道路；北侧为现状天颐谷项目，南侧为正在建设中的奥体中心（图 6.173）。

焦尾琴东入口公园为整个焦尾琴公园重要的门户空间，是主要游览人流的进入方向。合理组织东入口区域的空间景观和游乐路线，完善公园的配套服务设施，与周边自然山水及现状项目合理衔接，是本次规划设计的主要任务。

图 6.171 溧阳市体育公园周边城市设计

图 6.172　区域鸟瞰图

图 6.173　现状分析

6.5.2 规划引领

焦尾琴东入口公园以构建"公园城市"为目标,协调周边城市发展空间,传承地区历史文化,联动周边自然资源,激活文化旅游热点,统筹城市发展、土地利用、生态修复、人居环境、文化旅游、配套设施等各个方面,从顶层规划设计,既是满足人民日常游憩需求的公园绿地,又是构建"山水连城"生态新格局的重要载体(图 6.174)。

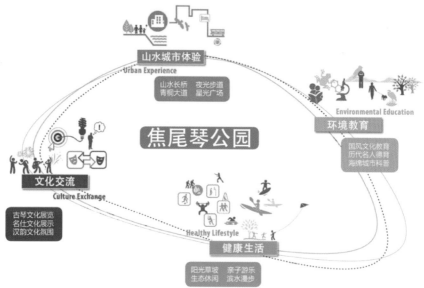

图 6.174　焦尾琴公园整体规划

1）文化特性与规划

溧阳是汉代著名文学家、书法家、音乐家蔡邕与焦尾琴传说的发源地。焦尾琴与司马相如的绿绮、楚庄王的绕梁、齐桓公的号钟并称中国古代四大名琴，在中国古琴历史上有着浓墨重彩的一笔，对后世产生了深远的影响。

规划充分挖掘溧阳当地的历史文化，以一把古琴、一位名仕、一个时代、一脉国风作为循序渐进的文化主题，在规划设计中融入国风文化（图 6.175）。场地方化规划主题"品汉韵琴音，习礼乐国风"（图 6.176）。

2）总体结构

焦尾琴东入口公园方案以礼乐汉韵为文化主题，通过对当地焦尾琴、名仕、山水意韵等人文资源的解读，运用现代景观手法针对公园主入口、服务建筑、景观桥梁等设施进行重点设计，将具有溧阳本地特色的文化元素融入设计之中。

整体方案合理布局地块功能、组织公园游线、衔接周边交通，营造简洁明快、人文特色鲜明的现代滨水公园景观（图 6.177）。

3）交通规划

（1）外部交通规划

焦尾琴东入口公园东临市政道路奥体大道，西临焦尾琴公园的主要道路环山路，南临公园路。周边有两处地上停车场及一处地下停车场（图 6.178）。

（2）内部交通组织

焦尾琴东入口公园内部交通通过双重环路进行组织，贯通全园。南部环路连接两处主要入口，沿环路分布活动场地，为市民平日的滨水慢行游线；北部环路串联文化体验及休闲游憩景点，构成文化游览线路（图 6.179）。

图 6.175 场地文化特性

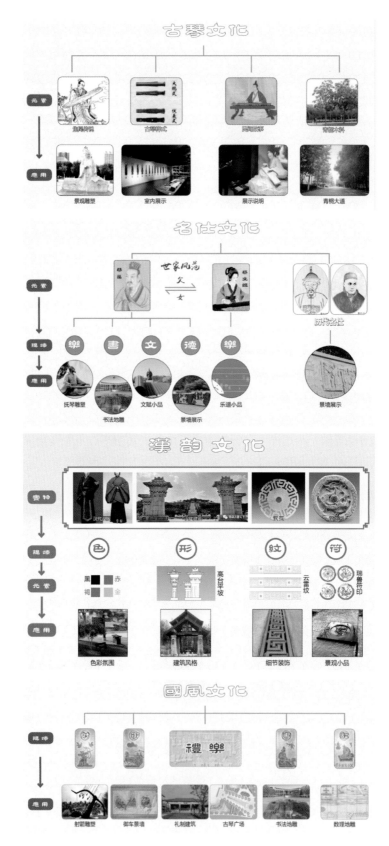

图 6.176　文化规划

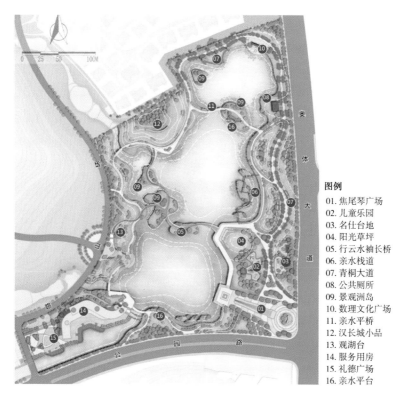

图例
01. 焦尾琴广场
02. 儿童乐园
03. 名仕台地
04. 阳光草坪
05. 行云水袖长桥
06. 亲水栈道
07. 青桐大道
08. 公共厕所
09. 景观洲岛
10. 数理文化广场
11. 亲水平桥
12. 汉长城小品
13. 观湖台
14. 服务用房
15. 礼德广场
16. 亲水平台

图 6.177　总体结构

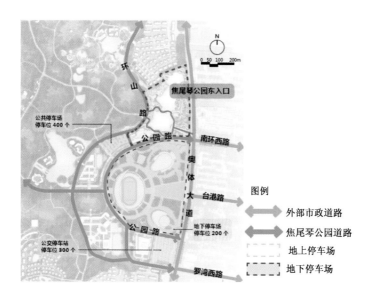

图 6.178　外部交通规划

6　景观生境共同体的实践

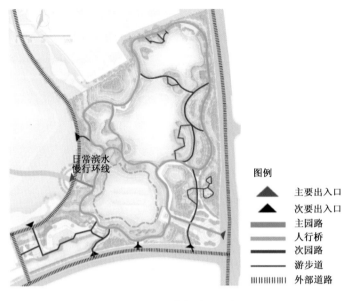

图例

▲ 主要出入口

▲ 次要出入口

━━━ 主园路

━━━ 人行桥

━━━ 次园路

──── 游步道

||||||| 外部道路

图 6.179　内部交通组织

6.5.3　景观导向

1）挖掘历史文化，彰显国风魅力

景观规划充分挖掘溧阳当地的历史文化，以一把古琴、一位名仕、一个时代、一脉国风作为循序渐进的文化主题。公园入口广场开宗明义地响应了焦尾琴文化，设置公园 LOGO，并于中轴设置古琴台，以景观挑台的形式凌驾水面之上，凸显焦尾琴的文化意象；形成公园景观礼仪轴线，将游人从公园入口逐步引导至中心水面；公园主园路行道树树种选用用于制作古琴的主材青桐，响应古琴文化主题；场地运用焦尾琴线型衍变的特色铺装，设计地刻嵌板，并配以瑞兽图案阳刻作为装饰，突出主题文化氛围，体现汉韵古风。此外，设计还结合场地内优质的山水资源，设置汉风文化景观小品，与主体设计一脉相承，展示礼乐国风（图 6.180、图 6.181）。

图 6.180　主入口鸟瞰图

图 6.181 主入口效果图

2）组织空间游线，助力游教结合

设计将环境教育作为场地目标之一。沿场地滨水空间设置环路，满足游客滨水慢行体验；通过亲水栈道、景观平桥将游人引至琴湖水岸，为游人提供休憩观湖的亲水空间。沿主园路分布以"礼乐"为主的礼德广场、名仕台地等活动场地，串联各种文化体验空间及休闲游览景点，将科普和游憩相结合，让游人在游览过程中进一步了解焦尾琴、古汉韵等历史文化，做到真正意义上的寓教于乐，展示焦尾琴公园以礼乐国风为主题，自古一脉相承的精神内核（图 6.182）。

图 6.182　空间游线组织

3）统一建筑风格，营造汉韵主题

焦尾琴东入口公园以汉韵文化主题为背景设定，通过对公园内主体建筑、景观廊亭、景观灯柱、文化景墙、铺装地雕等构筑，运用现代景观设计手法，以汉韵图案符号等进行装饰，突显公园汉韵文化背景主题。项目建筑小品设计风格统一，采用现代建筑风格，融合汉韵文化符号装饰元素，简洁大气，通透明快。材质选用钢材和木材结合，与整体规划设计主题风格相统一。

服务用房建筑结合公园汉韵琴音文化主题，屋顶采用流线造型以及表面条纹处理，象征琴音流畅的律动以及焦尾琴丝丝的琴弦，同时也与周边亲水的环境相融合而不显突兀。建筑立面设计采用云雷纹装饰效果，现代的形式语言中融入深厚的文化底蕴，契合公园文化主题（图6.183）。

图 6.183 统一的建筑风格

6.5.4　专业协同

1）尊重现状场地，置入生态海绵

现状场地西高东低，竖向条件复杂多变，在尊重现状的基础上，对空间关系进行重新梳理，营造丰富变化的景观空间，通过台地、草坡、栈桥、湖面等景观形式的设置，合理平衡土方，减少施工建设成本。将生态海绵的理念注入其中，结合场地内原有的大面积水域，通过设置雨水花园、湿地湿塘、植草沟、透水路面等海绵设施，打造生态友好型的公园景观，创造多元化的景观结构（图6.184～图6.186）。

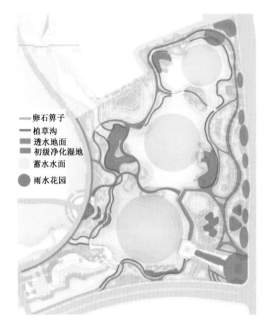

图 6.184　海绵城市布局

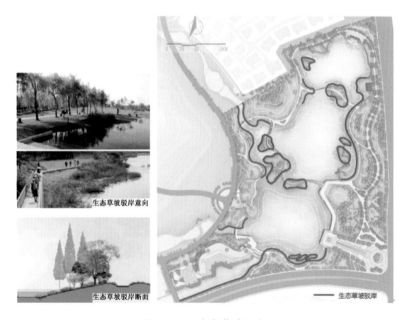

图 6.185　生态草坡驳岸

图 6.186　海绵城市设置效果图

2）设立灯光秀场，增添新春氛围

"一曲琴声 弦上春风绕金濑，万条灯带 园中瑞气簇花城"。新年伊始，一场以"美音自在"为主题的灯光秀在焦尾琴公园拉开了序幕，打造了别具一格的焦尾琴夜公园景观，为就地过年的在溧外地务工人员及本地市民送上了一份暖意融融、欢乐祥和的视觉盛宴。公园内布置造型各异的彩灯，与场地景观完美结合，现场充满了喜庆热闹的节日气氛，成为人们过年的网红打卡地，也引得央视与江苏卫视竞相报导（图6.187）。

图 6.187　灯光秀场

3）完善服务设施，满足人民需求

焦尾琴东入口公园设置3个主要人行出入口，4个次要人行出入口。结合场地的主要步行道和休闲游园道等，主要分为四个主题区。根据地形环境等因素，设置观景点、休息点、摄影点服务区，以及垃圾桶、自行车停放处、厕所、直饮水和休闲商业等配套设施，丰富公园内部的功能体系，满足人民对美好生活的多方面需求（图6.188～图6.190）。

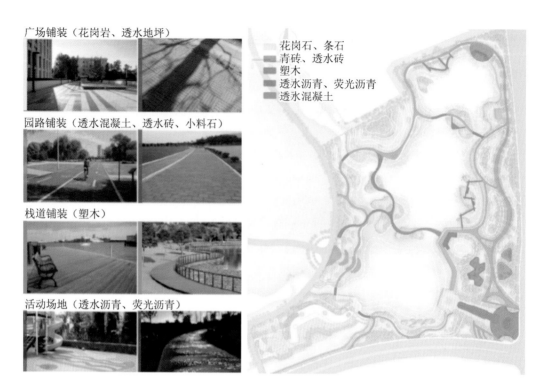

广场铺装（花岗岩、透水地坪）

园路铺装（透水混凝土、透水砖、小料石）

栈道铺装（塑木）

活动场地（透水沥青、荧光沥青）

花岗石、条石
青砖、透水砖
塑木
透水沥青、荧光沥青
透水混凝土

图 6.188　场地铺装

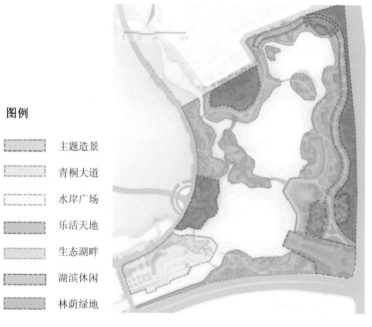

图例

主题造景

青桐大道

水岸广场

乐活天地

生态湖畔

湖滨休闲

林荫绿地

图 6.189　主要功能区

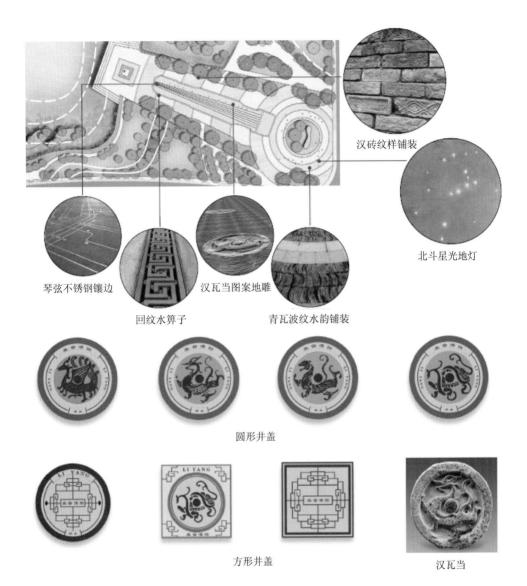

汉砖纹样铺装

北斗星光地灯

琴弦不锈钢镶边

回纹水箅子

汉瓦当图案地雕

青瓦波纹水韵铺装

圆形井盖

方形井盖

汉瓦当

图 6.190　特色铺装设计

6.5.5　实施效果

溧阳焦尾琴东入口公园的规划设计与实施建造中践行"公园城市"理念，以景观生境共同体思想为指导，统筹文化、生态、景观等各层面，打造满足生态要求和民众美好生活需求的优质空间（图 6.191～图 6.196）

图 6.191　景观空间

图 6.192　文化传承

图 6.193 生态修复

图 6.194　建筑小品

图 6.195　配套设施

图 6.196　夜景亮化

6.6 水环境——溧水金毕河水环境整治

溧水区是秦淮河的发源地，山水资源丰富，具有水乡风韵、田园风光、山地风貌的山水人文特色。溧水城南新区作为溧水区"十三五"规划发展的重心，水系环境治理显得尤为重要，金毕河水环境综合整治工程受到溧水区委、区政府的高度重视。

溧水区金毕河水环境整治工程运用"景观生境共同体"规划设计实践体系，通过水安全、水生态、水景观三脉并行的方式重塑了河道生境，将生态的可持续性融入到人居环境发展之中，在改善城市生态环境的同时，传承了地域文化，进而提升了土地价值，增强了城市活力；消除了水利防洪的隐患，有效地改善了区域环境。金毕河两岸变成郁郁葱葱、极具活力的城市滨水空间，成为当地市民绿色生活"幸福之地"。

项目建成以后，获得了2020年度南京市优秀园林和景观工程设计二等奖、2020年度江苏省城乡建设系统优秀勘察设计二等奖、2020年度江苏省第十九届优秀工程设计二等奖以及2020年度南京市园林工程"金陵杯"（市优质工程）奖，得到了多方认可。

6.6.1 项目概况

金毕河是溧水城南新区的重要行洪干道，为上游补水型河道，干流全长4.15 km。

溧水区金毕河水环境综合整治工程，设计范围为溧水城南新区金毕河北起秀园路、南至幸庄路河段，总长约2.3 km，设计面积约22 ha，项目整体工程造价约6 800万元。项目整治前，河道平面蜿蜒曲折，上下游高差较大，行洪断面过窄，汛期水流快，有洪涝隐患；非汛期河道水位较低，局部断流，水体生境条件较差，全段存在污水直排的情况，水质浑浊、有异味，严重影响周边居民的生活；滨水景观功能缺失，与周边环境无联系。

1）自然区位

城南新区位于溧水区城市南部，距溧水县城老城中心区仅1.2 km。山水资源丰富，三面环山，景区环抱，周边有天生桥风景区，金龙山、无想山风景区和中山湖景区等。用地范围：东至246省道、西至宁高路及宁宣高速、南至无想山、北至天生桥大道，规划用地面积约52 km^2（图6.197）。

功能定位为构建独具城市中心与山水融合特色，以政务服务、休闲商业、创意研发、生态

图6.197 溧水城南新区自然区位状况

居住为主要功能的中小城市公共活动中心区，规划目标是整合城南新区山水自然特征要素，融合城市中心区发展需求，通过对生态保护、文化繁荣、经济发展、社会进步等城市发展目标的综合考虑，以达到"山水城心、幸福溧水、府园共融、儒道互补"整体规划目标。

城南新区的发展宗旨、立意为"动感之城、引力之心"。

2）上位规划

（1）溧水城南新区控制性详细规划

依据用地规划，金毕河周边主要为居住用地，河道滨水绿带服务人群主要为周边居民（图6.198）。

（2）溧水城南新区绿地系统规划

依据绿地系统规划，金毕河滨水绿地为新城中东部大型绿地开放空间——中山河城市滨水绿廊的支脉，属于城市滨水景观轴带的一部分（图6.199）。

（3）溧水城南新区水系规划

根据规划，金毕河作为新城区的主要防洪排涝通道，同时具备改善生态环境、景观娱乐等

图6.198　城南新区控制性详细规划示意图

图6.199　城南新区绿地系统规划示意图

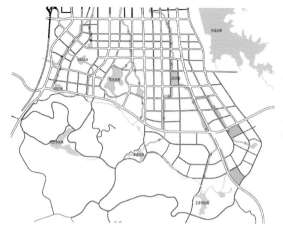

图6.200　城南新区水系河道蓝线规划示意图

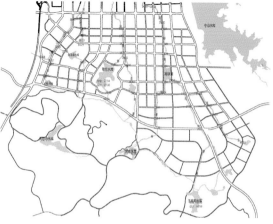

图6.201　溧水城南新区水系防洪规划示意图

功能（图 6.200）。

（4）溧水城南新区水系防洪规划

依据规划，一干河干流、二干河、中山河、南门河、金毕河等秦淮河小支流，河道行洪标准为 20 年一遇（图 6.201）。

3）水系分析

城南新区地势总体上"南高北低，东高西低"。新区多年平均降雨量为 1 087.4 mm、汛期平均降雨量 543.8 mm。年均径流深 282.7 mm，年均径流系数 0.26，年均径流总量 4.75 亿 m^3。多年平均蒸发量 1 038 mm（图 6.202～图 6.204）。

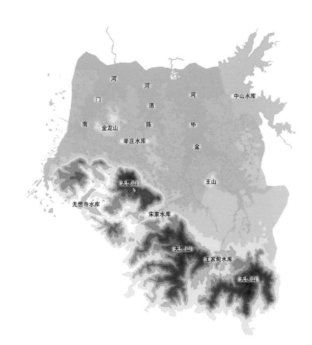

图 6.202　溧水城南新区地形地貌示意图

图 6.203　城南新区水系现状分布示意图

图 6.204　城南新区现状汇水分区示意图

4）河道分析

水系分布：城南新区水文资源丰富，城区水系星罗棋布。金毕河为新区骨干行洪排水河道，源自上游无想山北麓宋家、王家甸两座小型水库，在陈次坝汇合为干流，河道曲折蜿蜒，总体上呈由南向北走向，干流全长 4.15 km，河口宽 10 ～ 25 m，河底高程 3.4 ～ 5.5 m，两岸无堤防，雨水自排入河道，汇水面积 24.31 km² （图 6.205）。

图 6.205　金毕河水系

依据城南新区水系分布现状，新区南部的宋家水库与王家甸水库是金毕河的主要上游水源，金毕河承担补充下游中山河水量的作用，属于上游补水型城市景观河道（图 6.206）。

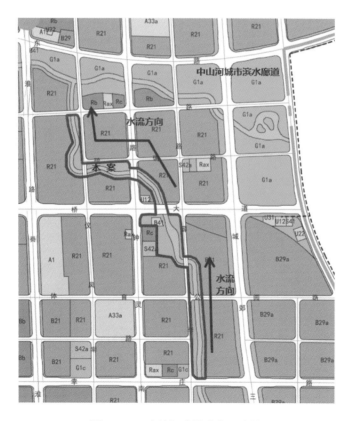

图 6.206　金毕河水流方向示意图

金毕河与城市防洪：金毕河是联接宋家水库、王家甸水库与中山河的枢纽型城市河道，兼具城市汛期防洪排涝的作用，是重要的城市行洪河道（图 6.207）。

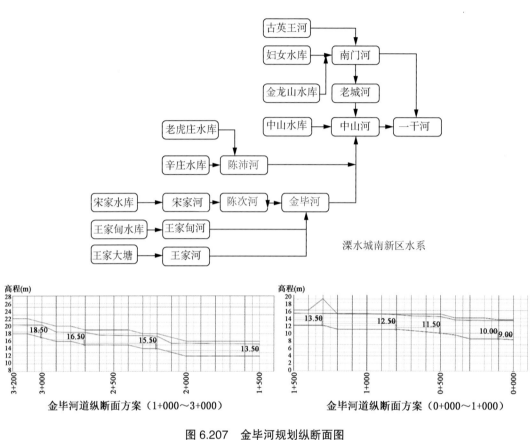

溧水城南新区水系

金毕河道纵断面方案（1+000～3+000）

金毕河道纵断面方案（0+000～1+000）

图 6.207　金毕河规划纵断面图

5）现状分析

现状金毕河河道平面曲折，经规划前多次现场勘察，分析得出金毕河在水安全、水环境与水景观方面的诸多问题，分别如图 6.208、图 6.209、图 6.210 所示。

行洪能力不足

现状河道行洪断面过窄及管涵管径偏小，无法满足规划行洪标准。

蓄水能力不足

河道上下游高差大，无蓄水水利设施，水流过快，非汛期河道水位过浅。

驳岸抗冲刷能力不足

河道驳岸多为自然土坡，汛期抗水流冲刷能力差，具有水利安全隐患。

图 6.208　河道安全现状

沿河污水直排

现状河道周边为农田，沿岸污水直排入河，异味明显，垃圾漂浮，水质污染严重，生态环境受到破坏。

水体生境条件差

河道水位较低，水流快，水体生境条件较差，不利于生物生长，河道生态环境进一步恶化。

雨洪设施不足

现状河道周边为农田，透水性好、耐水淹。未来新城开发，地面不透水面积加大，径流系数加大，缺乏雨洪滞留设施。

图 6.209　河道环境现状

周边未经开发

河道周边环境缺乏景观配套设施，无法产生良好的景观效应。

亲水性差

河道水岸竖向高差大，缺乏高差处理，亲水性差

驳岸形式单一

河道现状驳岸主要为土质边坡，自然入水，断面形式单一，缺乏滨水景观空间

图 6.210　河道景观现状

6.6.2　规划引领

溧水区金毕河景观环境综合整治工程将生态的可持续性融入人居环境发展之中，在改善城市生态环境的同时，传承了地域文化，增强了城市活力，使金毕河两岸成为市民休闲放松、亲水游憩的优质空间。

规划利用景观生境共同体的思维、顶层设计的构架模式，设立多层次目标。在宏观方面，项目从河道的总体流域进行上位思考，以大流域的生态安全格局为总体目标；在中观方面，通过对上位溧水城南新区控制性详细规划、溧水城南新区水系规划、溧水城南新区绿地系统规划、溧水城南新区交通规划等规划的解读，对项目与周边环境及土地利用情况、城市水系防洪、交通路网、城市开放空间等进行分析，对所在城市区域的特色、政策、人文等资源进行挖掘，梳理多方位的上层关系，提出规划预判；在微观方面，完善城市功能布局，解决现状存在的具体问题，满足周边的居民生活需求，同时彰显城市特色。

简言之，通过规划层面层层推进，从宏观、中观到微观，针对金毕河水环境综合整治项目，从流域到区域，到具体用地红线、蓝线范围，构建完整的、维护生态安全和健康的景观格局，最终实现"节约水资源、保障水安全、改善水环境、美化水景观、弘扬水文化"的总体设计目标（图6.211）。

安全、生态、景观三脉并行　营造城市绿色慢行水岸

图 6.211　规划引领

1）规划原则

规划原则包括安全性原则、生态性原则、景观性原则、经济性原则。

安全性原则：科学计算新城雨洪流量，合理设计河道断面形式，确保汛期河道行洪安全。生态性原则：恢复河道良好生态环境，加强水岸与城市发展的综合关联，突出城市生态水岸特色。景观性原则：营造优质的城市滨水景观带，突出城市水文化，营造特色人文滨水景观。经济性原则：有机协调相关工程，充分利用自然地形、本土植物和材料，达到生态、风貌与经济效益的统一。

2）规划目标

确保河道水利行洪安全、营造城市生态水岸廊道、引领新城活力慢行生活。

规划对城市水利、生态水环境、滨水景观等相关的诸多因素如河道水位、驳岸、开放空间、文化景点等做出考量与设计。充分采用绿色生态、可持续发展的有效设计手法，满足市民活动与生态资源保护和谐融合的需求，满足人们对自然环境和自然体验的渴求和向往。重新梳理整合了基地水利水文、水资源水环境，以及滨水休闲娱乐空间等条件，将现状基地重塑成溧水城南新区未来可持续发展的休闲体验地，最终达到创造新城时尚滨水慢行生活空间的设计目标（图6.212）。

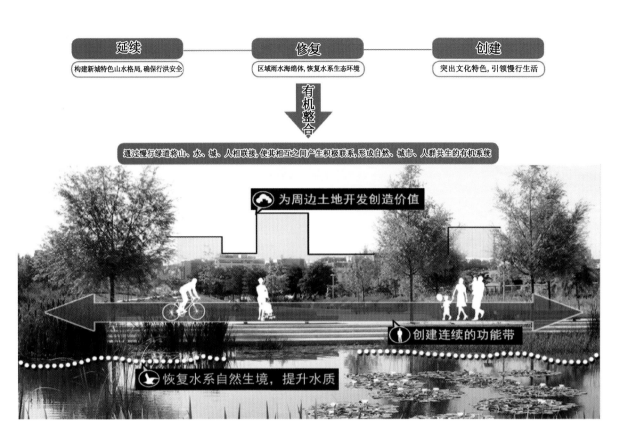

延续	修复	创建
构建新城特色山水格局,确保行洪安全	区域雨水海绵体,恢复水系生态环境	突出文化特色,引领慢行生活

有机整合

通过慢行绿道将山、水、城、人相联接,使其相互之间产生积极联系,形成自然、城市、人群共生的有机系统

为周边土地开发创造价值

创建连续的功能带

恢复水系自然生境,提升水质

图 6.212　规划目标

3）规划思路

整体规划思路涉及"三方面—九大项",旨在解决"九大问题"（图 6.213）。

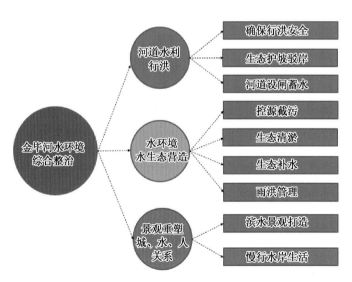

图 6.213　规划思路

6.6.3 景观导向

方案以景观为导向，打破通常先水利、后景观、再生态的规划时序，利用景观思维将上位规划中提出的水利防洪、水质提升、景观构建、交通衔接、建筑布局、生态治理等各个方面目标进行立体化系统推进，形成金毕河水环境综合整治总体设计"一张总图"的成果。各专业的方案结合景观功能布局分区的设定同步设计，并将地方文化结合区段特性融入区段主题。商业区段更注重人与水的互动、城市活力与文化的彰显；居住区段满足周边居民不同年龄层次的生活休闲诉求；郊野段以生态涵养为主，与周边自然基底相衔接，恢复河道生境，为未来发展预留空间。

总体上设计呈现大统一小变化、水利防洪遵从上位规划的定位，根据现状条件，形成多样化的滨水形态。建筑物、构筑物的形式与功能在展示总体风格的基调下，根据区段性质呈现各自特点并展示城市文化特征。根据交通规划，贯通慢行交通系统，结合现有的绿地系统规划和河道实际情况，进行生态修复和植物绿化设计。结合景观功能设置，针对性完善配套设施，在一些重点区域结合新技术应用，如声光电技术与互动设施，使其成为人气打卡地，提升城市活力。根据城市夜景规划，重点布局夜景亮化，对沿线的主要景观节点重点打造，与建筑群、桥梁的照明设计相互呼应。通过"景观导向"，使项目从水利防洪、功能布局、交通体系、配套设施、夜景照明方面，形成多专业、多系统的高度融合（图 6.214 ～图 6.218）。

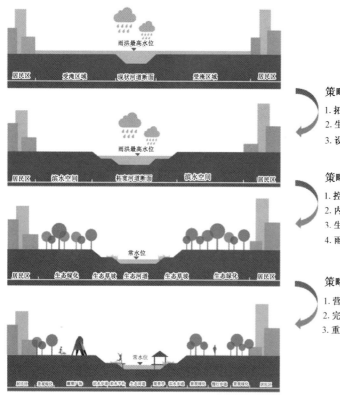

策略一：结合行洪和景观需求，优化断面
1. 拓宽河道断面，确保行洪安全。
2. 生态驳岸改造，提高抗冲刷能力。
3. 设闸蓄水，减缓水流速度，有效控制水位。

策略二：结合景观空间，恢复滨水生态环境
1. 控源截污，去除外源污染。
2. 内源清淤，疏浚畅流。
3. 生态绿植，恢复滨水生境。
4. 雨洪管理，建立滨水海绵体系。

策略三：布局滨水空间，引领水岸慢行生活
1. 营造优质城市滨水开放空间。
2. 完善景观基础设施，引导人群进入场地。
3. 重塑城、水、人关系，倡导新城滨水慢行生活。

图 6.214 景观策略

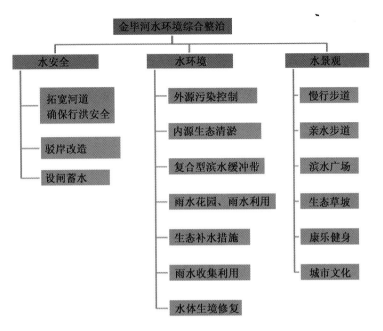

图 6.215　水体整治技术体系

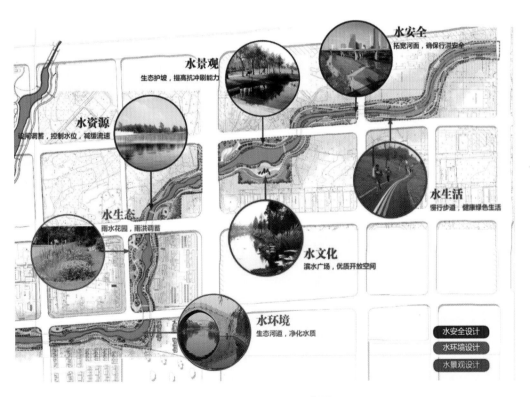

图 6.216　总平面示意图

图 6.217　总鸟瞰图

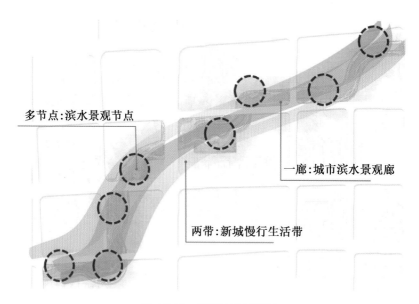

图 6.218　景观结构示意图

规划总图中主要包括驳岸设计、慢行系统设计、生态海绵设计、生态铺装设计、绿化设计、新技术新材料应用、智能设备点、景观照明、室外家具和服务设施等内容。

驳岸设计主要有 4 种类型,如图 6.219 所示。

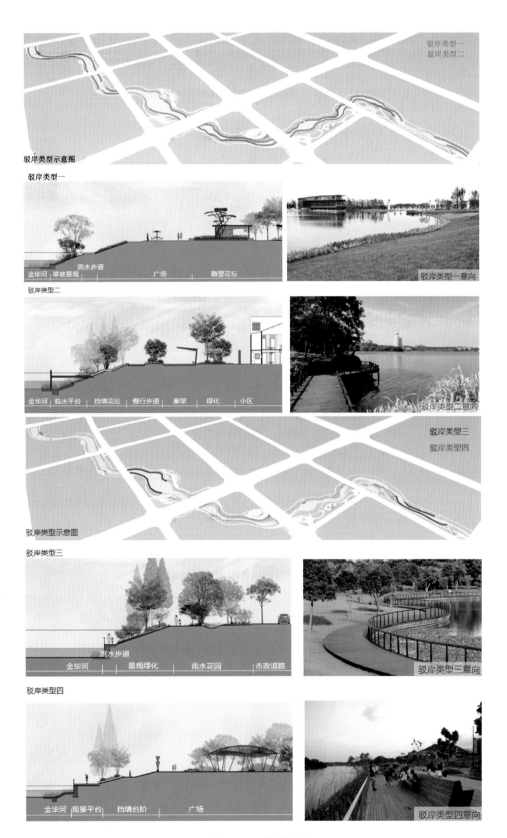

图6.219 驳岸设计

慢行系统设计全线贯通，与市政道路交通分离，消除安全隐患。强调人性化设计，结合智能设备提供舒适体验；注重安全隔离，确保场所安全；协调现有道路基础，实现绿道连续；增加趣味，突出场地休闲性（图6.220）。

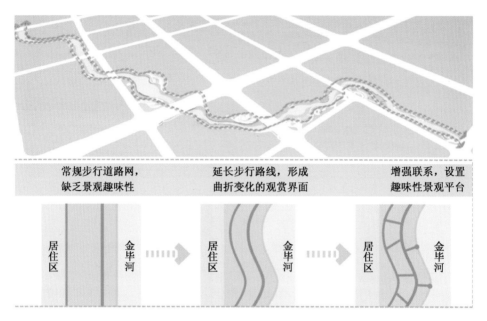

图 6.220　慢行系统设计

项目中海绵城市设计的雨洪管理包括雨水收集、生态滞留与生态蓄水三个方面。雨水收集：在场地中沿市政道路周边布置生态植草沟。生态滞留：布置雨水花园、生态驳岸等。生态蓄水：在河段涵闸上游扩大水面进行蓄水，调养水体生境（图6.221）。

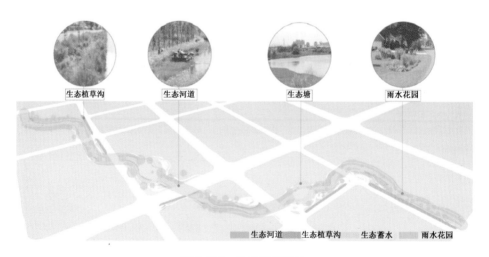

图 6.221　生态海绵设计

地面铺装设计根据场地的不同功能采用不同材料，生态铺装材料的选用有透水地坪、透水混凝土、透水砖等（图 6.222）。

图 6.222 生态铺装设计

绿化设计结合各区域场地特征，如活力水岸区、城市休闲区、生态野趣区，采用不同的植物配置方式，如图 6.223 所示。

图 6.223　绿化设计

新技术新材料应用方面，本项目主要采用的生态材料有透水混凝土、透水砖、透水沥青、塑木、多孔隙材料等（图 6.224、图 6.225）。

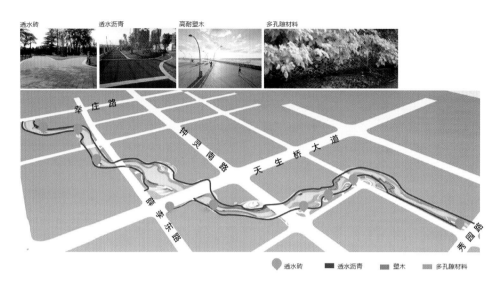

图 6.224　新材料应用

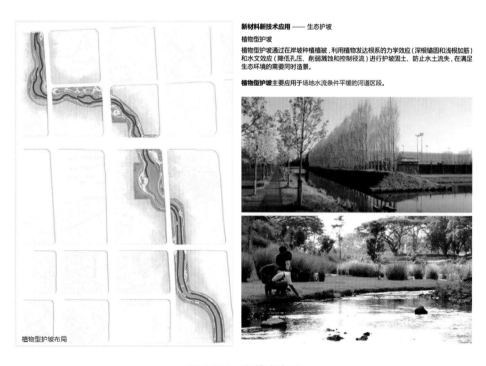

图 6.225　新技术应用

绿道中设置智能设备站点，同手机或其他智能设备相连接，可查询相关便民信息、景点介绍、健康常识、运动指标、公交系统以及社交活动等（图6.226）。

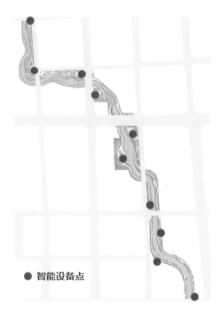

● 智能设备点

图 6.226　智能设备点

　　晚间的金毕河更具别样的色彩与活力，声光电技术与互动设施使其成为人气爆棚的"网红"打卡地。沿线的主要景观节点亮化重点打造，与建筑群、桥梁的照明设计相互呼应。彩虹台阶、星光秋千等特色亮化吸引了周边居民，滨河绿地成为孩子们夜晚的乐园。结合了光纤技术的蒲公英路灯、地面投射的金毕河古诗词等更提升了场地的人文氛围（图6.227）。

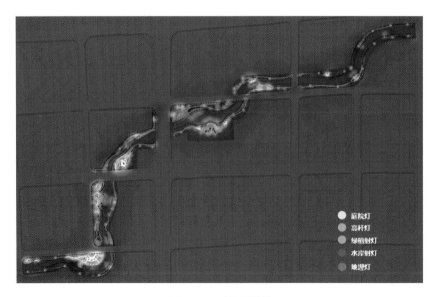

庭院灯
高杆灯
绿植射灯
水岸射灯
地埋灯

图 6.227　景观照明

室外家具的设计注重材料的循环再利用，风格统一协调，具有可识别性，如图 6.228 所示。

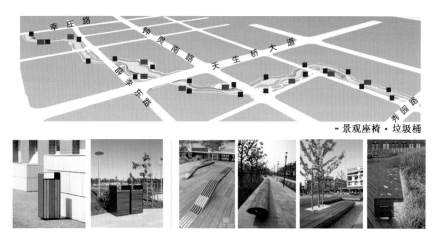

图 6.228　室外家具

场地中标识系统主要分为导游牌、指示牌、警示牌三大类（图 6.229）。

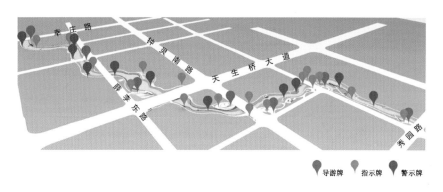

图 6.229　标识系统

6.6.4　专业协同

设计首先根据城市暴雨强度公式，计算河道周边的汇水面积，得出河道最小行洪断面，利用河道段内首尾的高差算出纵坡，结合河道两侧地块的标高，进行闸坝的初步设定，明确水利断面的常水位、洪水位等。其次，采取控源截污策略，对沿河排污情况进行摸查，对水质底泥进行参数提取分析，提出有效控制内源、外源污染的措施。同时，综合考虑水位、水流、潮汐、交通、生态等多方面诉求，采取多层复式的断面结构来丰富滨水空间的断面形式，低层临水空间按常水位来设计，每年汛期来临时允许被淹没；中层空间只有在较大洪水发生时才会被淹没，这两级空间可以形成具有良好亲水性的游憩空间，各层空间利用各种手段进行竖向联系，形成立体的空间系统，同时满足防洪水利要求。在不同的水位空间进行生态设计，保证河道的水质涵养，同时营造滨水观赏效果。再次，结合用地红线，在原有的冲洪沟基础上进行河道平面设计，在满足最小断面基础上，根据周边用地情况，结合景观功能布局初步确定总平面图，并且梳理周边道路桥梁的标高，对地块标高进行设置，以满足慢行系统全线贯通。最后，根据周边环境布局的功能，进行场地、建筑、设施布置等，将多专业的技术参数统筹耦合。专业协同框架下的景观生境共同体建设，既保证了项目高效、高质的落地实施，又避免了因专业先后实施中产生的各种技术冲突（图6.230）。

因此，利用景观思维进行多专业的整合协同，既可以保障景观生境共同体技术上的落地支撑，又能达到景观多样性、功能效果、综合利益的最大化。

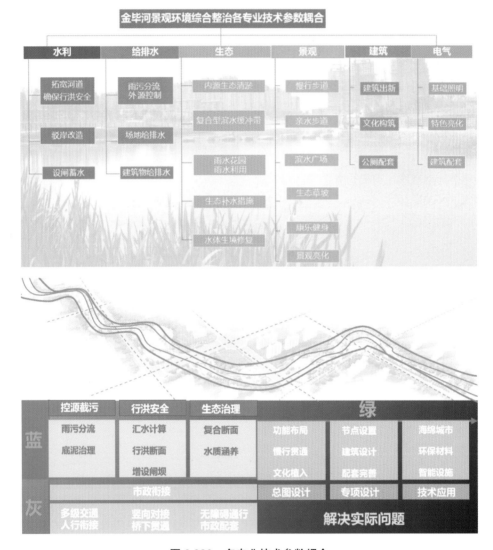

图 6.230　多专业技术参数耦合

1）水安全

通过水安全方案设计，整合城市山水资源，满足河道及周边城市水系行洪排涝的主要功能要求，保证河道两侧地块的排水安全，不受淹水影响。达到满足20年一遇暴雨遭遇、20年一遇洪水位的规划行洪要求（图6.231）。

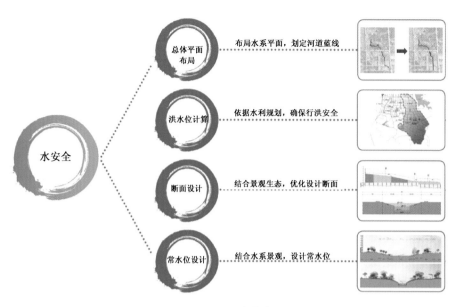

图 6.231　水安全

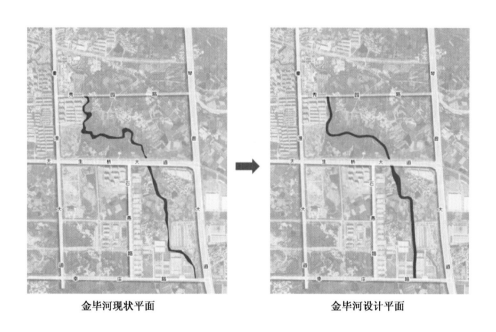

金毕河现状平面　　　　　　　　金毕河设计平面

图 6.232　金毕河河道平面设计

（1）河道平面设计

调整河道现状蜿蜒平面至平缓顺直，使其更有利于行洪。现状中马氏食品集团产业园厂区内无河道，厂房位于河道保护线范围内，该段河道建设需待厂房搬迁后实施，本案该段河道采用现状河道平面走向（图6.232）。

（2）河道设计洪水位

金毕河汇水面积 24.31 km²，河道行洪标准采用 20 年一遇暴雨遭遇。金毕河流域位于无想山北麓，属于秦淮河流域上游丘陵山区范围，地势整体较高。根据《一干河上游段水环境综合整治工程水文分析报告》，金毕河入中山河河口 20 年一遇水位为 13.32 m。区域内雨水完全可以自排，河道洪水不受下游中山河洪水的回水影响。

（3）河道断面与拦水坝设计

金毕河河道纵坡较大，起点莘庄路处设计河底标高 14.5 m，终点秀园路前河底标高为 10.0 m。河道两侧规划道路标高 15.5 ~ 19.5 m。为保证河道行洪能力，并满足非汛期河道景观要求，全段共设 5 处蓄水构筑物。设计水面纵坡为 1.8‰，洪水位 17.443~13.300 m。

河道断面最大过流量 114 m³/s，最大流速 2.46 m/s。全段设景观坝 5 座，坝顶高 1.5m，景观水位由下游水坝控制。非汛期河道内开启闸板进行拦水，减缓水流速度；汛期合下闸板，确保河道行洪通畅（图 6.233）。

（4）过路河段设计

河道结合城市路网规划，过路河段依据道路宽度等级，采用桥梁、箱涵等形式，局部河段涵闸设施结合桥梁设计，以优化河道平面布局（图 6.234）。

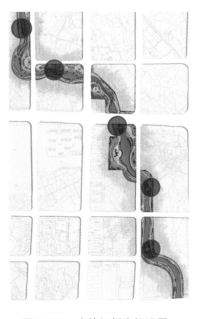

图 6.233　金毕河拦水坝设置

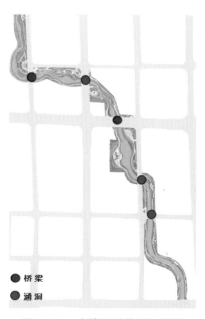

图 6.234　金毕河过路河段设置

（5）生态护坡设计

金毕河河岸现状为自然土坡驳岸，根据各地段实际情况，改造为水下抗冲刷能力强的石笼护底驳岸＋挡墙驳岸，满足河道行洪安全需求。水面以上驳岸形式结合景观场地空间灵活处理，全段驳岸以生态自然草坡入水驳岸为主，局部设硬质挡墙驳岸。

2）水环境

通过水环境方案设计，对现状河段不良水质的水体进行生态治理，有效实施雨洪管理措施，实现全段河道水体的自我净化，使水体清澈，无漂浮物、无异味；并利用上游陈次湖引水调水，定期对河道进行生态补水，保证河道水体的活水更新，达到水质修复提升的水环境整治目标（图 6.235）。

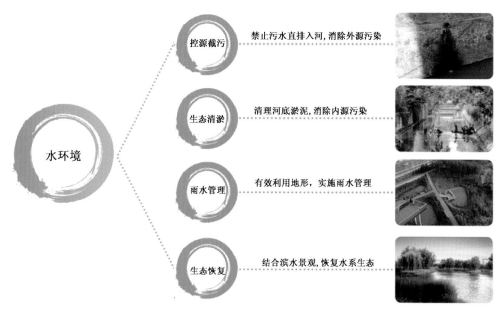

图 6.235　水环境治理

（1）控源截污

消除周边管网点源污染。现状金毕河在幸庄路桥下有两处污水下河口，污水管管径分别为 d400 和 d800，本次工程对该两处污水下河口进行封堵，改造污水管道，将污水接入规划市政污水管道中。结合地块开发建设规划，近期对污水进行截流，远期周边小区生活污水就近接入城市沿道路污水管网系统。

景观规划结合雨水管网分布设置生态草沟、雨水花园、透水铺装等绿色基础设施，收集雨水并净化入河雨水水质（图 6.236）。

未来金毕河将实现零污水排放入河，确保良好的水生态环境条件，结合水生绿植景观，净化河道水质。

图 6.236　消除周边管网点源污染

拆除侵占河道违建。现状金毕河上游段周边为农舍棚户及工厂厂房，局部出现侵占河道现象，对水环境造成严重影响。根据土地用地性质规划及河道蓝线，本次金毕河道改造工程需搬迁的单位为马氏集团食品产业园，占地面积约 49 000 m²，涉及拆迁的村庄为钱家庄村和后梁家边村（图 6.237）。

图 6.237　需搬迁区域

建立滨水生态缓冲带。在河道蓝线与景观红线范围内，构建滨水绿化缓冲带——建设乔、灌、草横向变化的立体植物带，缓冲带沿河宽度 10～30 m 不等。

控制水土流失，防止河床冲刷，减少泥沙进入河道。利用缓冲带植物的吸附和分解作用，减少初期雨水径流含氮、含磷等物质进入河道，形成控制面源污染的防线（图 6.238）。

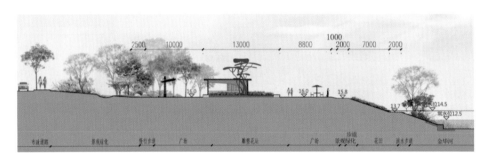

图 6.238　滨水生态缓冲带

（2）生态清淤

薛李东路上游河道为新开挖河道，原河道需清淤后回填作新岸坡，以保证岸坡的稳定性。薛李东路下游河道基本在原河道位置上，局部段截弯取直，需对原河道进行清淤、拓宽。

根据河道工程实际情况，采用干塘清淤围堰开挖法，围堰后排干河水，待淤泥部分晾干后挖至设定深度，泥土外运（图 6.239）。

清淤量约 408 m³　　　　开挖量约 930 m³　　　　回填量约 125 m³

图 6.239　生态清淤

（3）水生态修复

设闸蓄水，扩大水面，提供稳定的生境空间。

在河段局部水利闸位上游扩大水面，形成较开敞的水面空间。扩大水面具备的生态复合功能：

调蓄功能 —— 在水量较大时，利用水闸调节水位，形成有效调蓄的缓冲区。

净化功能 —— 形成净化水质的缓冲区，提升下游水质。

景观功能 —— 以水面为中心，形成新城重要的景观休闲节点（图 6.240）。

图 6.240　水生态修复

设置生态砾石河床。在闸位下游局部河道坡降较大、水流较快的河段，建设河底生物膜河床，强化河道生态净化能力。在河道底泥清淤的基础上，先覆盖 10 cm 厚度细砂，再覆盖 20 ～ 30 cm 厚度的砾石，长度为 1.3 km，砾石采用网格固定（图 6.241）。

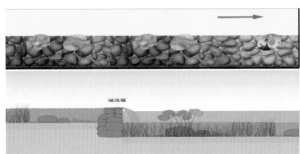

图 6.241　生态砾石河床

引入景观水生植物。通过生态恢复和植被体系建设，形成滨水生态河道，使河道水质得到净化，同时兼具景观美化功能。水生植物对污染物的拦截作用、水生植物根系形成的微生物膜对有机质的降解作用和植物本身对营养盐的吸收作用，可有效去除、降解水体污染物。水生植物对水质的保护作用具有重要的生态意义（图 6.242）。

图 6.242　水生植物

（4）初期雨水治理与控制

初期雨水指从降雨形成地面径流时，前12.5 mm降雨形成的径流量。归纳国内外的经验，治理初期雨水应从以下三个方面着手。

① 源头减量，就地处理。采取透水型材料如透水沥青、透水地砖等，保持硬化底面与地下土层的渗透畅通性，充分利用土壤的吸附和净化能力。这些措施可改变地面径流条件，增加降雨向地下的渗透，减少地面径流量。

② 收集调蓄处理。建设雨水调蓄设施，利用管道系统自身的调蓄容量，将初期雨水进行收集，适时进入污水处理厂进行处理。

③ 加强维护管理。初期雨水处理设施的维护具有特殊性。加强对初期雨水处理设施的维护管理，是设施发挥效果的重要保证。要将初期雨水处理设施纳入市政工程进行管理（图6.243）。

图6.243 初期雨水治理与控制设施

3）水景观

景观方案在满足金毕河河道行洪要求的前提下，结合河道水生态恢复，设闸蓄水，局部拓宽岸线，形成景观水面，丰富滨水空间形态；同时充分挖掘溧水本地文化，在绿地内设置文化景观小品，提升河道景观人文底蕴。

金毕河两岸设置慢行步道，布置滨水广场、阳光草坪、童乐广场等景观功能场地，倡导健康慢行生活，为场地注入活力。滨水绿带兼顾休闲、慢行、活动、游憩等多样功能，呈现出复合型生态滨水景观（图6.244）。

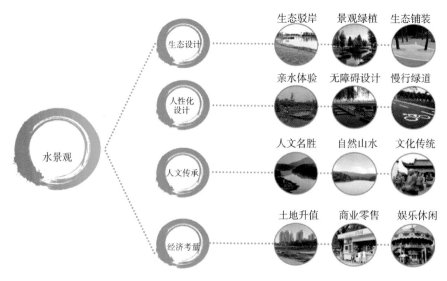

图6.244 水景观内容

场地功能分区包括活力水岸区、城市休闲区、生态野趣区（图 6.245）。

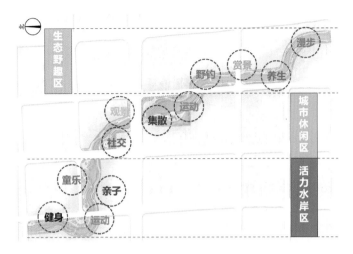

图 6.245　功能分区

活力水岸段区。该区主要位于秀园路至钟灵南路段。方案利用较宽的景观绿线范围设置功能多样的开放型活动场地，吸引周边居民。两岸贯通慢行步道，局部设置滨水步道，满足人们滨水运动、健身、亲子娱乐的活动需求，引领新城绿色慢行生活（图 6.246～图 6.248）。

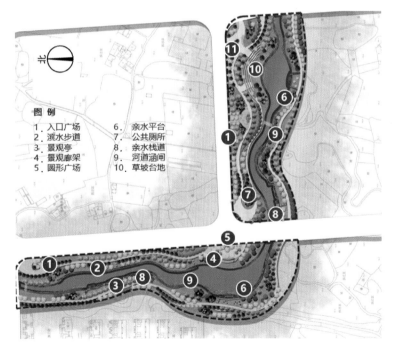

图 6.246　活力水岸区平面示意图

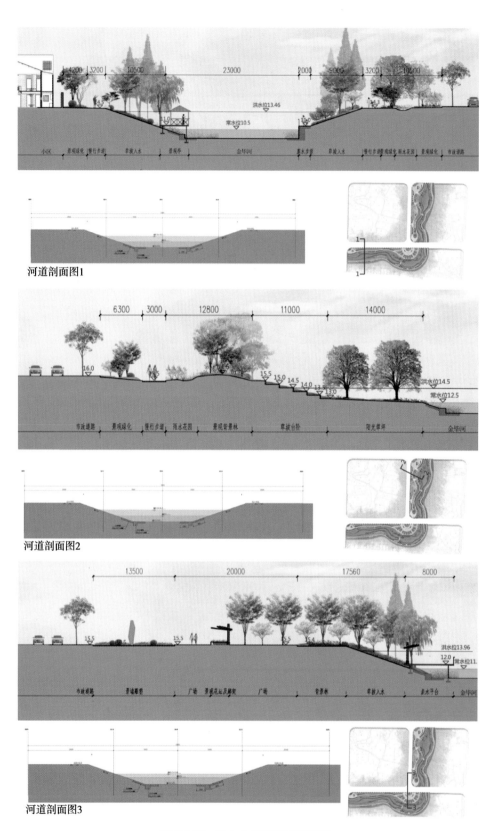

河道剖面图1

河道剖面图2

河道剖面图3

图 6.247　活力水岸区剖面示意图

图 6.248　活力水岸区效果图

城市休闲区。该区主要位于钟灵南路—薛李东路段，此段布置了3处集散广场，是市民休闲观景好去处。局部扩大的水面不仅是生态蓄水面，也提供了多变的河岸景观（图6.249～图6.251）。

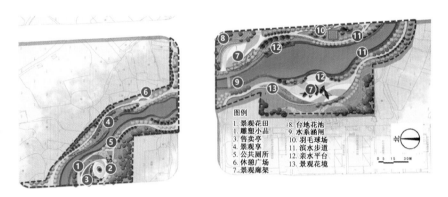

图 6.249　城市休闲区平面示意图

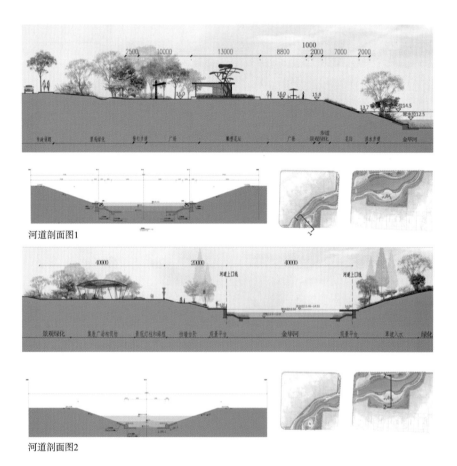

河道剖面图1

河道剖面图2

图 6.250　城市休闲区剖面示意图

图 6.251　城市休闲区效果图

生态野趣区。该区主要位于幸庄路以北金毕河中上游段，河道两侧景观绿线范围较窄，以生态涵养类滨水绿植为主，恢复河道生境。河道两岸贯通慢行步道，对接下游，形成慢行游线，并同周边城市慢行系统相对接（图 6.252～图 6.254）。

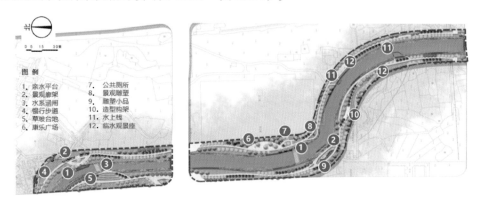

图 6.252　生态野趣区平面示意图

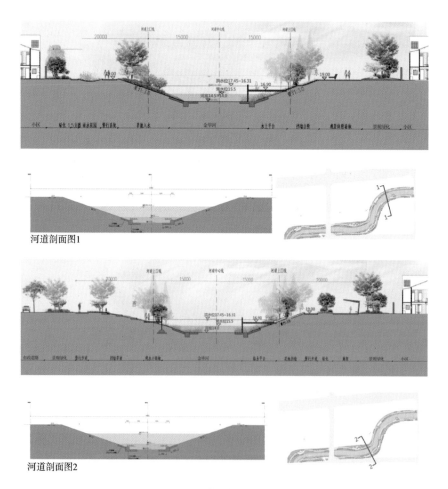

图 6.253　生态野趣区剖面示意图

图 6.254　生态野趣区效果图

6.6.5 实施效果

溧水金毕河水环境治理工程，综合运用"景观生境共同体"思维，水安全、水生态、水景观并重，综合修复金毕河及两岸的水体环境，体现水乡风韵与地域文化，为居民打造休闲、健身、娱乐等多功能的理想空间（图 6.255～图 6.263）。

图 6.255　景观空间

图 6.256 生态驳岸

图 6.257　景观水坝

图 6.258　慢行系统

图 6.259　海绵城市设施

图 6.260　景观小品

图 6.261　植物配置

图 6.262　景观雕塑

图 6.263　夜景亮化

6.7　城市更新——玄武区长江路文旅集聚区建设

江苏全省各地特色文旅资源丰富，依托重点文化场所、历史文化街区、城市休闲功能区、商业中心区等空间，着力打造布局合理、功能完善、特色鲜明、带动力强的夜间文旅消费集聚区。

玄武区长江路沿线集聚文旅商资源载体 30 余处，既有总统府这样的 4A 级景区，也有六朝博物馆这样的文博场所，还有德基广场、艾尚天地等一批高端商业综合体。据统计数字，长久以来，游客在长江路停留时间不足 1 h；长江路各文旅商载体相互独立，难以联通，"打卡"式旅游导致游客往往"知点不知街"。

南京长江路文旅集聚区建设工程，运用"景观生境共同体"规划设计实践体系，深度挖掘沿线历史资源，重塑文化主题，优化城市空间，重点打造旅游热点，引导业态布局，系统性地将"吃、住、游、购、娱"融为一体，助力南京打造城市文化的夜生活展示区。这条以 1 800 年厚重人文历史为"名片"的街区，如今正以历史与潮流交叠、文商旅融合的面貌全新亮相。项目获得 2021 年度南京市优秀工程设计奖三等奖。

6.7.1　项目概况

1）政策背景

2019 年 8 月《国务院办公厅关于加快发展流通促进商业消费的意见》中，"夜经济"成为国家层面促进消费的二十条意见之一，多个城市已相继出台"夜经济"相关政策。

长江路文旅集聚区建设项目作为玄武区政府将"夜金陵"打造成全国知名夜间经济品牌的代表性提升工程，既是顺应文化和旅游消费转型、落实"六稳"要求和拉动经济增长的新趋势，也是助推南京"创新名城、美丽古都"建设的新举措。项目建设思路围绕文旅融合，以文旅 + 产业、文旅 + 科技，对标国际打造品质街区，进一步提升长江路文化旅游资源整合程度。

2）项目区位

长江路位于南京市玄武区，东起龙蟠中路，西至中山路，总长 1 800 m，是南京五大市级文化中心之一。南京长江路文旅集聚区规划打造南京城市文化的代表性展示区，是未来南京迈

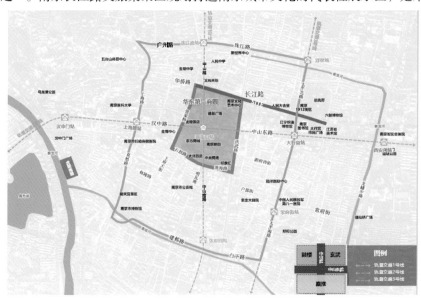

图 6.264　长江路区位图

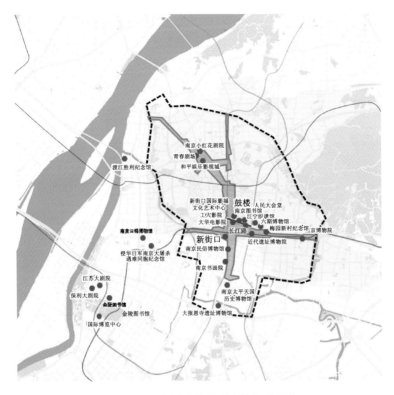

图 6.265　主城现状主要文化场所分布

图 6.266　研究范围

向"世界文化之城"的重要载体、主城大型文化设施主要集中地（图 6.264、图 6.265）。

3）研究范围

项目研究范围包括长江路、汉府街（东至龙蟠中路、西至中山路）、太平北路（北至长江路、南至中山东路）及周边地块（图 6.266）。规划策划层面研究长江路的发展定位、发展思路及活动策划，塑造长江路的品牌；景观层面对长江路沿线重要历史文化节点进行景观提升和改造，包括路面铺装改造提升、沿街立面提升，以及城市小品、沿线主题设施、主题照明、标识系统、城市家具和相关附属设施等的设计与实施。

4）资源优势

长江路是南京历史见证的重要载体。一条长江路即半部古都史。六朝时期，长江路一线正位于宫城中心位置；明朝，长江路是汉王府所在地；清代的长江路为都督街，建有东辕门、西辕门；民国时期，长江路经三次拓建，碑亭巷口附近新立了牌楼。长江路还与众多文化元素有所关联（图6.267、图6.268）

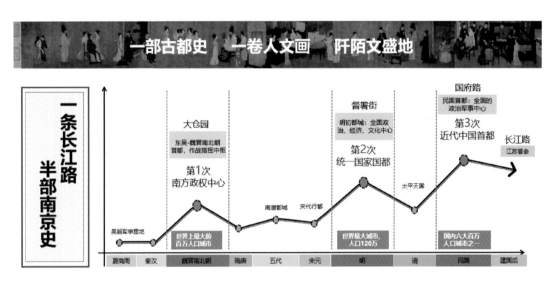

图 6.267　南京城历史变迁

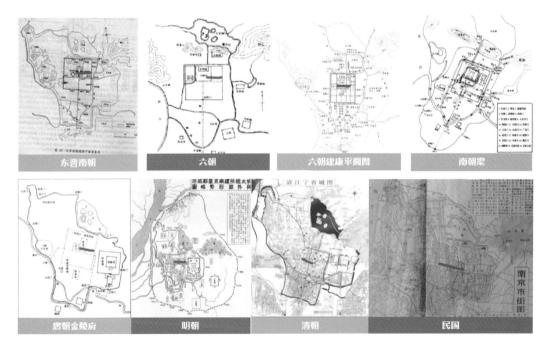

图 6.268　长江路在历史更替中的位置

5）现状分析

（1）历史街巷

目前已经消失的街巷有西箭道/笼子巷（西箭道在民国中期易名）、东海路（后来拓宽成太平北路）、弹石路（与东海路一起拓宽成太平北路）、东辕门、西辕门、都督街（图6.269）。

图6.269　长江路沿线历史街巷

（2）建筑遗存

长江路西接新街口，地面功能以大型商业为主，东靠总统府历史街区，主要为保护建筑及城市公共建筑。中山路至太平北路段，道路两侧建筑功能主要以商业及商务办公为主，在建的长江会商务办公也未考虑与周边地块连通。办公建筑的特点以独栋高层办公楼为主；商业建筑以一站式购物为主，与周边没有直接的空间衔接（图6.270）。

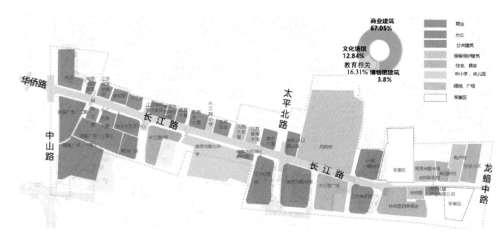

图6.270　长江路沿线建筑类型

（3）感知点分析

当前长江路的感知点主要分布在德基和总统府沿线等较为成熟的区域，而长江路的其他范围感知度较低。通过历史挖掘、节点设计等手段增加长江路上的感知点，使得整个长江路在认知空间上整体化、连续化。客群主要聚集于长江路东西两头，无法全天全时段形成串联（图6.271）。

（4）交通分析

现状长江路周边交通发达，路网体系较为完善；次干路和支路网密度高，分流干路交通压力，形成良好的道路微循环效果（图6.272）。

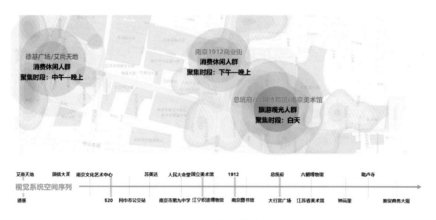

图6.271　感知点分析

图6.272　交通分析

6.7.2　规划引领

1）规划定位

长江路文旅集聚区建设总体规划定位，旨在打造布局合理、功能完善、体现历史底蕴、具有强烈文化气息的文旅集聚区（图6.273）。

图6.273　规划定位

2）规划理念

长江路拥有着厚重的历史和多元的文化，代表着金陵的历史之光与人文之光，在这里感受时光的际会，同时长江路的打造呼应南京"夜金陵"的夜间经济品牌，以"长江路·金陵之光"为主题，以光为元素，通过科技的手法，凸显夜景效果，展现南京历史的人文光辉及现代的科技光芒，打造一条集聚多元历史和高端业态的文化旅游大街。步入长江路，犹如打开一扇扇历史、人文与科技的光影之门。

3）规划策略

（1）挖掘文化主题

"左手千年史，右手大都会"以1 800年的时间之轴，1 800 m的空间序列，串联南京十朝都会的历史人文延展线（图6.274）。

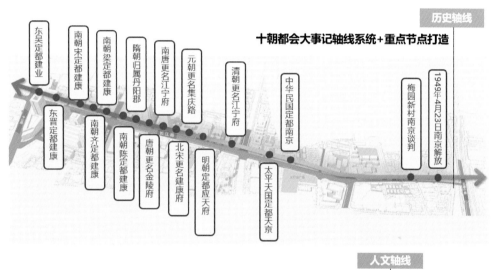

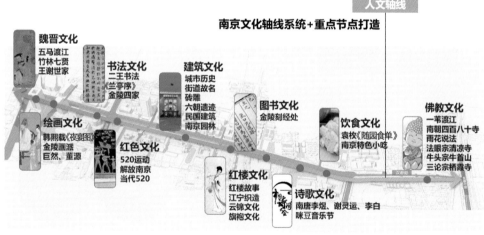

图6.274　文化规划

（2）展秀文化塑造

充分利用沿线文物建筑、室外空间、场地设施等，将文化展示、展览和视觉效果打造有效结合起来，呈现视觉盛宴（图6.275）。

（3）全时段旅游活动策划

对一天当中全时段的活动进行策划，合理统筹规划各区位活动的时间点，有效配置全天全时段活动（图6.276）。通过一年中各时段的活动策划，打造精彩365天的活力之街（图6.277）。

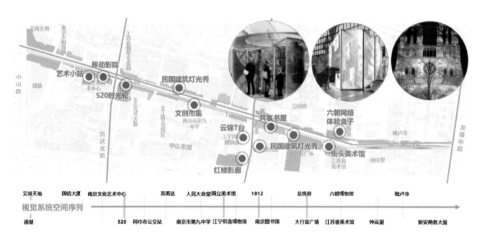

图 6.275　展秀规划

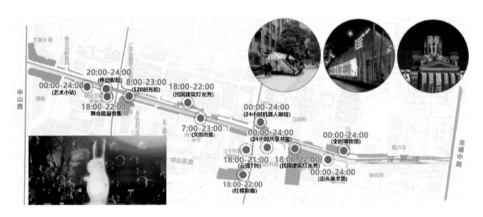

图 6.276　一天全时段活动策划

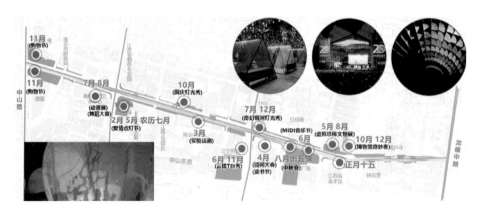

图 6.277　全年时段活动策划

（4）业态规划渗透支巷

中心街道渗透至周边街巷，线面联动，构建长江路文旅片区经济带（图6.278）。经济带食、住、游、娱、购全覆盖，形成周边向长江路聚集的业态模式（图6.279）。

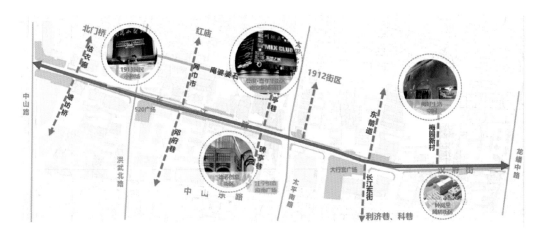

图 6.278　长江路文旅片区经济带

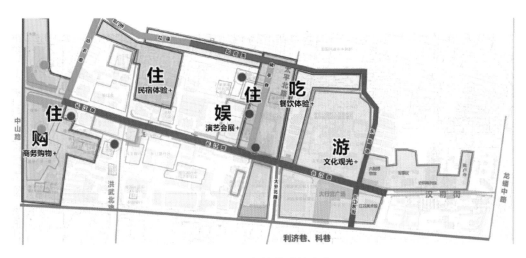

图 6.279　经济带功能齐全

（5）重塑临街界面

街道界面的多样性使其空间缺乏整体性，设计中通过连续性景观引导、串联（图6.280）。

打开围墙和植物围挡。当前长江路沿线可利用空间约为 6 万 m²，将街边被建筑围墙或植物围挡分割的空间打开后，可释放 1.5 万 m² 的空间。释放分割空间，可拓宽原来狭长的建筑前空间，大大提高空间的可塑性（图6.281）。

景观节点串联。通过整合、增加和强化景观节点，将整个长江路从空间感知上整体化、连续化。新增节点 8 个，同时对原有景观节点进行整合和强化，从而提升整个长江路的空间效果（图6.282）。

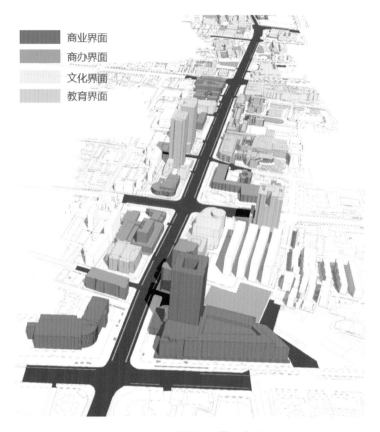

图 6.280　临街界面景观串联

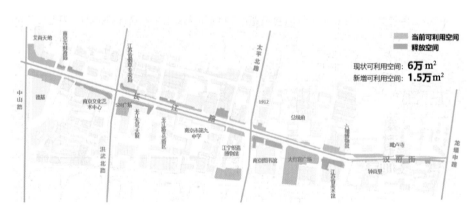

图 6.281　释放分割空间

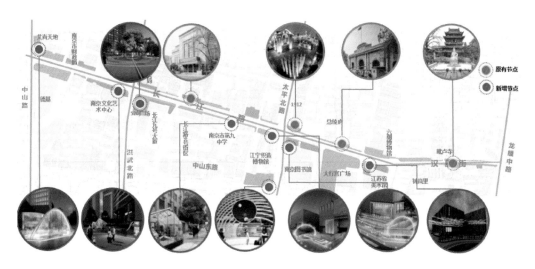

图 6.282　景观节点串联

街角空间串联。通过对梧桐树的利用塑造整体感，增强街角空间整体性。当前长江路的五个街角空间风格各异，且空间品质不一，整条街道缺乏整体性。利用贯穿整条长江路的梧桐树为线索，打造统一的街角风格，有利于增强街角空间整体性，营造统一的街道界面（图 6.283）。

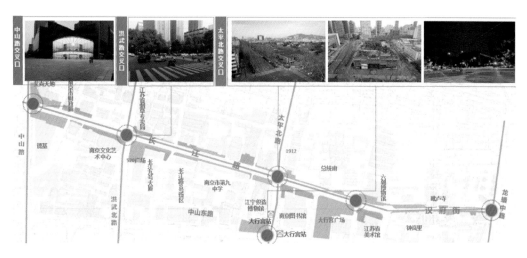

图 6.283　街角空间串联

（6）导视串联时空

通过主题光线、铺装地刻串联各个区域，夜间灯光效果与建筑整体呼应（图 6.284）。时间轴地面导向系统串联街道空间节点，叙述历史人文故事，以有形的空间承载无形的文化表达。

4）景观结构

长江路文旅集聚区总体景观结构采用"一街连两心，两轴串多点"（图 6.285）。

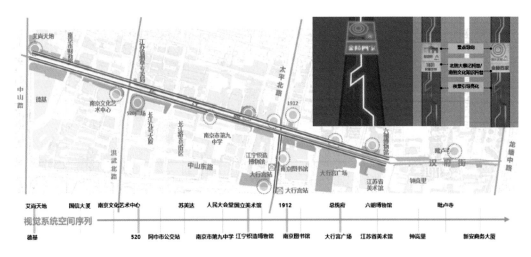

图 6.284　导视规划

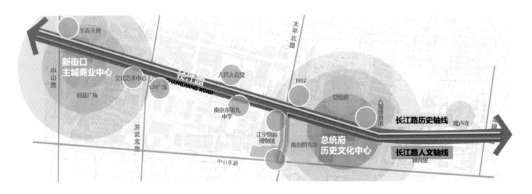

图 6.285　景观结构

6.7.3　景观导向

1）历史文化传承

长江路历经 1800 年沧桑，不同朝代的历史遗存资源丰厚，以景观系统性思维为导向，将不同时期有价值、有意义的历史事件和文化印记，通过景观再现，使其焕发出新的活力，与新时代的价值需求相契合，传承中华民族传统文化。

以 520 广场为例，长江路与洪武北路交会口的"520 广场"，并不是表现爱情的广场，而是为了纪念 1947 年 5 月 20 日，一场以中央大学学生为主体的南京热血青年高呼"反饥饿、反迫害、反内战"爱国学生运动建立的纪念广场。

基于这一历史背景，520 广场则打造成红色文化与青年文化相交融的城市新广场。项目设计上，保留了原有乔木与雕塑，形成场所记忆；通过铺装环形灯带，强化学生运动红色文化纪念的场地特色；疏朗植物、细部花境，调整绿化布局层次，打造清晰、简洁的城市街角形象（图 6.286）。

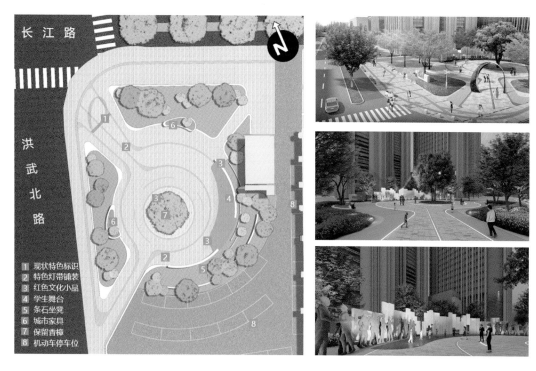

图 6.286　"520"广场

① 现状特色标识
② 特色灯带铺装
③ 红色文化小品
④ 学生舞台
⑤ 条石坐凳
⑥ 城市家具
⑦ 保留香樟
⑧ 机动车停车位

2）空间场所重塑

虽然长江路只有 1 800 m，但是沿线的建筑都是不同历史时期的，有历史保护文物，也有企事业单位的院落，建筑风格差异也很大，街道被分隔得比较破碎，街道界面缺乏整体性，部分街角空间风格不同、品质不一。运用景观系统性思维，尽可能将全线街道界面打开、拓宽、重塑，结合不同的文化主题进行重塑和再造（图 6.287～图 6.292）。

图 6.287　江宁织造博物馆北广场

6　景观生境共同体的实践

图 6.288　南京图书馆

图 6.289　南京图书馆前街道

图 6.290　江苏省美术馆

景观生境共同体的理论与实践

图 6.291　国信大厦

图 6.292　大行宫广场

　　以江宁织造博物馆南广场为例，广场位于太平北路与中山东路交叉口，广场下沉庭院通往地铁 2 号线大行宫站 2 号口，大行宫站作为地铁换乘站人流量相对较大，因而广场需要疏散一定量的人流。方案保留江宁织造博物馆南广场原有银杏树阵，广场铺装整体统一，利用线型广场引导人流进入下沉庭院空间；梳理广场绿化，以草坪加乔木营造广场在中山东路上通透的城市界面。广场街角空间布置标识设施，强化场域标识性。合理布局非机动车停靠区域，规整广场空间。增设城市家具，完善广场配套功能（图 6.293 ～图 6.295）。

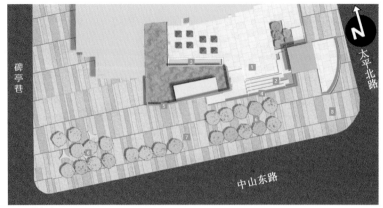

碑亭巷

太平北路

N

中山东路

① 红楼文院   ⑤ 景观瓦墙
② 叠山看台   ⑥ 林荫休憩
③ 飞流烟瀑   ⑦ 广场特色铺装
④ 隔离栏杆   ⑧ 霓裳雕塑

图 6.293   江宁织造博物馆南广场平面图

图 6.294   江宁织造博物馆南广场下沉庭院

景观生境共同体的理论与实践

图 6.295　江宁织造博物馆南广场效果图

3）旅游热点打造

　　长江路文旅集聚区全线文旅商资源丰富，既有商业也有景区，还有文保、展览馆等，但相互之间基本没有联系，各自为政，很难形成商业街气氛。因此，必须用景观系统性思维，依托重点文化场所，充分利用街道空间，挖掘特色文旅资源，通过优化业态布局、完善功能设施，

6　景观生境共同体的实践

从而将沿线的众多"明珠"（景点）串成一串光彩熠熠的"项链"（文旅集聚街区），打造城市文化的夜生活展示区。

以九中段艺术街区弹性空间为例，为了进一步刺激夜间经济、增加街区景点之间的联系，并为街头艺术活动的开展提供必要的城市公共空间，长江路九中段的景观设计规划上，对原有人行道空间内的景观铺装、城市家具、标识系统等进行一体化整体提升，引入景观铺装导视结合夜景亮化，加强街道空间的连续性，提升长江路品牌的知名度（图 6.296）。

图 6.296　九中段艺术街区空间改造

6.7.4　专业协同

1）导视标识引导

城市中最具代表性的文化符号和时代记忆，高度浓缩于长江路这 1 800 m 之间。让人文积淀"现代表达"，通过长江路文化符号的视觉系统设计，极大程度上增加了南京长江路的辨识度与连续性（图 6.297）。

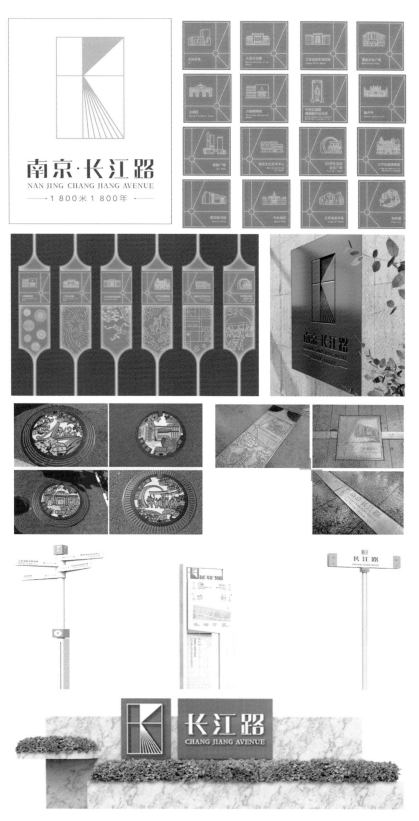

图 6.297　长江路导视标识

2）夜景亮化打造

夜景亮化工程，结合其自身街区特色，与原有街区风貌相融合，利用现代高科技，打造历史人文意蕴与现代时尚街景交相辉映的独特夜景。

以"时光——代表金陵的历史之路"塑造人文带，"识光——标识性的文化之路"打造梧桐光廊，"拾光——深入人心的体验之路"营造艺术光影（图6.298～图6.301）。

图 6.298　金鹰天地广场夜景

图 6.299　南京市文化艺术中心室外展廊

图 6.300　江宁织造博物馆南广场下沉庭院

图 6.301　南京图书馆夜景

3）配套设施完善

将文化融入场地符号，雕刻时代印记。设计过程中将文化符号融入城市家具小品，使长江路文旅集聚区从系统上统一协调。设计着眼于细节刻画，包括井盖、树池算子等每一细处，都有着特色文化符号的使用（图 6.302）。

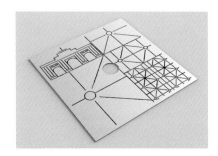

图 6.302　城市家具小品

6.7.5 实施效果

南京长江路文旅集聚区建设工程,运用"景观生境共同体"规划设计实践体系,挖掘场地特色历史和文化资源,依托道路沿线重要景点加以提升并串联,聚焦长江路悠久历史,综合利用相应创意元素,打造南京城市文化的高品质夜生活展示区(图6.303~图6.308)。

图6.303 空间界面改造实景

图 6.304　文化场地改造实景

导视牌　　　　　铺装带　　　　　铁铭牌　　　　　铜铭牌　　　　　车挡石　　　　　灯带铭牌

图 6.305　导视标识

图 6.306　配套设施

图 6.307　夜景亮化 1

图 6.308　夜景亮化 2

主要参考文献

[1] 郭风平，方建斌.中外园林史 [M].北京：中国建材工业出版社，2005.

[2] 黄谦，牛泽慧.20 世纪我国风景园林学科发展史 [J].农业科技与信息（现代园林），2007，4（2）：33-35.

[3] 李嘉乐，刘家麒，王秉洛.中国风景园林学科的回顾与展望 [J].中国园林，1999，15（1）：40-43.

[4] 王向荣，林箐.西方现代景观设计的理论与实践 [M].北京：中国建筑工业出版社，2002.

[5] 李铮生.城市园林绿地规划与设计 [M].2 版.北京：中国建筑工业出版社，2006.

[6] 成玉宁.现代景观设计理论与方法 [M].南京：东南大学出版社，2010.

[7] 王晓俊.西方现代园林设计 [M].南京：东南大学出版社，2000.

[8] 吴泽民.欧美经典园林景观艺术：近现代史纲 [M].合肥：安徽科学技术出版社，2015.

[9] 刘滨谊.现代景观规划设计 [M].3 版.南京：东南大学出版社，2010.

[10] 金学智.中国园林美学 [M].2 版.北京：中国建筑工业出版社，2005.

[11] 方晓风，罗哲文.中国古代建筑·园林 [M].北京：中国建筑工业出版社，2011.

[12] 彭一刚.中国古典园林分析 [M].北京：中国建筑工业出版社，1986.

[13] 王受之.世界现代建筑史 [M].2 版.北京：中国建筑工业出版社，2012.

[14] 彭一刚.建筑空间组合论 [M].2 版.北京：中国建筑工业出版社，1998.

[15] 王振复.建筑美学笔记 [M].天津：百花文艺出版社，2005.

[16] 尹思谨.城市色彩景观规划设计 [M].南京：东南大学出版社，2004.

[17]（美）约翰·O.西蒙兹，（美）巴里·W.斯塔克.景观设计学：场地规划与设计手册 [M].朱强，俞孔坚，王志芳，等译.北京：中国建筑工业出版社，2000.

[18]（美）凯文·林奇，（美）加里·海克.总体设计 [M].黄富厢，朱琪，吴小亚，译.北京：中国建筑工业出版社，1999.

[19]（美）尼古拉斯·T.丹尼斯，（美）凯尔·D.布朗.景观设计师便携手册 [M].刘玉杰，吉庆萍，俞孔坚，译.北京：中国建筑工业出版社，2002.

[20] 陈晓彤.传承·整合与嬗变：美国景观设计发展研究 [M].南京：东南大学出版社，2005.

[21] 傅伯杰，陈利顶，马克明，等.景观生态学原理及应用 [M].北京：科学出版社，2001.

[22] 杨沛儒.生态城市主义：尺度、流动与设计 [M].北京：中国建筑工业出版社，2010.

[23]（日）矢代真己，（日）田所辰之助，（日）滨崎良实.20 世纪的空间设计 [M].卢春生，小室治美，卢叶，译.北京：中国建筑工业出版社，2007.

[24]（美）伊恩·伦诺克斯·麦克哈格.设计结合自然 [M].芮经纬，译.天津：天津大学出版社，2006.

[25] 杨锐.景观都市主义的理论与实践探讨 [J].中国园林，2009，25（10）：60-63.

[26]（美）彼得·沃克，（美）梅拉尼·西莫.看不见的花园：探寻美国景观的现代主义 [M].王健，王向荣，译，北京：中国建筑工业出版社，2009.

[27]（美）查尔斯·E.阿瓜尔，（美）贝蒂安娜·阿瓜尔.赖特景观：弗兰克·劳埃德·赖特的景观设计 [M].朱强，李雪，张媛，等译.北京：中国建筑工业出版社，2007.

[28] 过伟敏，史明.城市景观艺术设计 [M].南京：东南大学出版社，2011.

[29] 吴晓松，吴虑.城市景观设计：理论、方法与实践 [M].北京：中国建筑工业出版社，2009.

[30] 王建国.城市设计 [M].3 版.南京：东南大学出版社，2011.

[31] 翟俊.走向人工自然的新范式：从生态设计到设计生态 [J].新建筑，2013（4）：16-19.

[32] 赵和生.城市规划与城市发展 [M].3 版.南京：东南大学出版社，2011.

[33] 里埃特·玛格丽丝，亚历山大·罗宾逊.生命的系统：景观设计材料与技术创新 [M].朱强，刘琴博，涂先明，译.大连：大连理工大学出版社，2009.

[34] 吴次芳.国土空间规划的三个基本属性解读 [J].土地科学动态，2019（4）：9-11.

[35] 金云峰，陶楠.国土空间规划体系下风景园林规划研究 [J].风景园林，2020，27（1）：19-24.

[36] 李建伟.国土空间规划的风景园林学思考 [N].中国自然资源报，2019-03-21（7）.

[37] 吴岩，贺旭生，杨玲.国土空间规划体系背景下市县级蓝绿空间系统专项规划的编制构想 [J].风景园林，2020，27（1）：30-34.

[38] Li DH. Opportunities of the discipline and profession of landscape architecture in China's territorial spatial planning reform[J]. Landscape Architecture Frontiers，2020，8(1)：84.

[39] 戴菲，邱悦，毕世波，等.国土空间规划视角下的风景园林发展动态分析 [J].风景园林，2020，27（1）：12-18.

[40] 白瑞红，梁锐，潘卫涛.自然保护地体系下的风景名胜区整合策略初探 [J].山西建筑，2020，46（14）：152-154.

[41] 赵智聪，杨锐.论国土空间规划中自然保护地规划之定位 [J].中国园林，2019，35(8)：5-11.

[42] Justin Abbott. 水设计——通过整合蓝、绿、灰色基础设施提高城市韧性 [R].邢台：第三届（邢台）园林博览会"风景园林国际学术交流会"，2019.

[43] 温慧敏，全宇翔，孙建平.大数据时代城市智能交通系统发展方向 [J].城市交通，2017，15（5）：20-25.

[44] 刘雷，向梓群，陈斯佳，等.园林养护智能管理系统设计与开发 [J].农业科学，2018，8（8）：854-860.

[45] 冯红伟.经济与环保协同发展：以新发展理念引领生态文明建设 [J].昆明理工大学学报（社会科学版），2020，20（1）：56-64.

[46] 张林.不可逾越的胡焕庸线 [N].科学时报，2010-01-20（B1）.

[47] 人民出版社.全国主体功能区规划 [M].北京：人民出版社，2015.

[48] 贺雪峰：为什么山东像着魔一样，拆农民房子建社区？［EB／OL］.（2020-05-15）https://mp.weixin.qq.com/s/DTv3ehY8Fd2ft44L2Y7xMw.

[49] 中国社会科学院经济研究所课题组，黄群慧.“五年规划”的历史经验与“十四五”规划的指导思想研究［J］.经济学动态，2020（4）：3-14.

[50] 北京确立“三级三类四体系”国土空间规划总体框架.http://www.xinhuanet.com/local/2020-04/20/c_1125882348.htm

[51] 聂峰英.大数据资源技术服务协同研究：以气象数据为例［J］.信息化研究，2016，42（1）：6-11.

[52] 闫坤，张鹏.以经济规律特性认识我国新时代发展特征［J］.财贸经济，2017，38（12）：5-18.

[53] 陈翠芳，李小波.生态文明建设的主要矛盾及中国方案［J］.湖北大学学报（哲学社会科学版），2019，46（6）：22-28.

[54] 中华人民共和国建设部城市建设司.工程设计资质分级标准.建设〔2001〕22号，2001.

[55] 中华人民共和国建设部.工程设计资质标准：修订本［M］.北京：中国建筑工业出版社，2007.

[56] 全国一级建造师执业资格考试用书编写委员会.市政公用工程管理与实务［M］.3版.北京：中国建筑工业出版社，2011.

[57] 中国城市规划设计研究院，等.南宁市海绵城市规划设计导则［R］，2015.

[58] 中共中央宣传部.习近平新时代中国特色社会主义思想学习纲要［M］.北京：学习出版社，人民出版社，2019.

[59] 中共中央国务院关于建立国土空间规划体系并监督实施的若干意见［EB／OL］.（2019-05-23）.http://www.gov.cn/zhengce/2019-05/23/content_5394187.htm.

[60] 中共中央关于制定国民经济和社会发展第十四个五年规划和二零三五远景目标的建议［M］.北京：人民出版社，2020.

[61] 国家发展和改革委员会.中华人民共和国国民经济和社会发展第十四个五年规划和2035年远景目标纲要［M］.北京：人民出版社，2021.

[62] 江苏省自然资源厅.江苏省国土空间总体规划（公开征求意见版），2021.

[63] 江苏省人民政府，安徽省人民政府.南京都市圈发展规划，2021.

[64] 刘爱梅.新型城镇化与城乡融合发展［M］.北京：人民出版社，2021.

[65] 樊纲，郑宇劼，曹钟雄.双循环：构建“十四五”新发展格局［M］.北京：中信出版集团股份有限公司，2021.

[66] 张京祥，黄贤金.国土空间规划原理［M］.南京：东南大学出版社，2021.

[67] 陈先达.文化自信中的传统与当代［M］.北京：北京师范大学出版社，2017.

[68] 成都市公园城市建设领导小组.公园城市：成都实践［M］.北京：中国发展出版社，2021.

[69] 李翔海.内圣外王：儒家的境界［M］.南京：江苏人民出版社，2017.

[70] 卿希泰，唐大潮.道教史［M］.南京：江苏人民出版社，2006.

[71] 谢正义.公园城市［M］.南京：江苏人民出版社，2018.

[72] 南怀瑾讲述. 禅宗与道家 [M]. 北京：东方出版社，2017.

[73] 王丽霞. 中华优秀传统文化创造性转化和创新性发展路径探析 [J]. 山东社会科学，2021(11)：85-92.

[74] 中国政府网. 国务院关于同意成都建设践行新发展理念的公园城市示范区的批复 [EB/OL].(2022-02-10). https://mp.weixin.qq.com/s/tIwhvQfVaZ81IkiMEAZKrA.

后记

  本书能够顺利出版，需要感谢很多人的支持和帮助，首先感谢我的师长给予的指导和帮助。感谢我的家人给予的理解和支持，感谢我的团队（特别是单梦婷、张明珠、孙晓舒等同志）在工作中的支持和帮助，感谢清华建筑院、棕榈园林、南艺何方教授等团队在具体项目中的合作支持。

  新时代的生态文明理论，为今后一个时期的景观行业发展指明了方向。从项目实施进程来看，没有哪个专业能像景观一样，几乎参与了从理论到实践的全过程，不论是前端的策划、规划、咨询、可研等，还是后端的方案、设计、实施、运维等，景观都深入其中，不可或缺；从专业层面来说，也没有哪个专业能像景观一样，几乎参与到所有的行业建设中，不论是建筑、市政、交通、水利、农业、林业等，还是国土空间、生态修复、环境保护、美丽乡村、城市更新、公园城市等；不仅如此，景观还在文化传承、城市发展、空间塑造、精神表达等层面，具有广博的实践应用。景观系统性思维下的生态环境是一个共同体，应该更大限度地发挥景观行业的专业价值，统筹多层面目标，通过多行业、多专业交叉协作与优化，助力生态文明建设。

  景观行业在生态文明时代拥有更为广博的发展前景，本书虽然力图站在学科前端，为国家生态环境保护和城乡发展建设添砖加瓦，但限于笔者水平，文中不当之处在所难免，仅为一家之言，恳请广大读者批评指正为感。

2022 年春分